Carmen Heritier

Gymnastricks 2.0

Hundefitness rund um Krankheiten & Sport

© 2024 KYNOS VERLAG Dr. Dieter Fleig GmbH
Konrad-Zuse-Straße 3, D-54552 Nerdlen/Daun
Telefon: 06592 957389-0
www.kynos-verlag.de

Grafik & Layout: Kynos Verlag

Gedruckt in Lettland

ISBN 978-3-95464-325-7

Bildnachweis:
Alle Fotos Susann Nordmann außer:
Adobe Stock: Javier brosch-adobe.stock.com, Titelbild; AlexandruPh-adobe.stock.com, S. 61 re.; k_e_n-adobe.stock.com, S. 62; Henk Vrieselaar-adobe.stock.com: S. 67; avanheertum-adobe.stock.com: S. 71; Karoline Thalhofer-adobe.stock.com: S. 73, 84, 90; Evgeniia-adobe.stock.com: S. 74; renatepeppenster-adobe.stock.com: S. 75; lenkadan-adobe.stock.com: S. 76; otsphoto-adobe.stock.com: S. 78; Sonja E.-adobe.stock.com: S. 79; Aruru-adobe.stock.com: S. 80; ksuksa-adobe.stock.com: S. 81; Sabine Glässl-adobe.stock.com: S. 85; SENTELLO-adobe.stock.com: S. 86; kaninstudio-adobe.stock.com: S. 87; Julija-adobe.stock.com: S. 88; francescodemarco-adobe.stock.com: S. 91; Halfpoint-adobe.stock.com: S. 92; Lidia-adobe.stock.com: S. 93; Denise Serra-adobe.stock.com: S. 94; SuperStock-adobe.stock.com: S. 95; Grigory Bruev-adobe.stock.com: S. 103; danielpankoke-adobe.stock.com: S. 106
Arbeitsbuch Hundeanatomie (v. Gardiner, Andrew (Hrsg.) & Raynor, Maggie): S. 61 li.
Zebris GmbH: S. 42

Inhaltsverzeichnis

Einführendes

Was dieses Buch leisten kann und was nicht

Das Buch „Gymnastricks" war 2013 das erste seiner Art und entstand zunächst aus meiner privaten Not heraus, wissen zu wollen, welche Tricks welche Muskelgruppen im Hundekörper beanspruchten. Damals war es schwierig, an solche Informationen zu kommen und so wälzte ich Fachbücher und bestellte DVDs aus Amerika. Heute nicht mehr vorstellbar, starteten die Gymnastricks vor über 10 Jahren eine richtiggehende Hundefitness-Revolution und heutzutage hat jeder Hundehalter, der sich für die Gesundheit seines Hundes interessiert, von den Gymnastricks oder Hundefitness zumindest schon etwas gehört. Über die Jahre war das Interesse an den Gymnastricks ungebrochen, sodass eine Trainerausbildung entstand und viele Tricks genutzt oder auch weiterentwickelt wurden. Mit der Zeit wurden die Anforderungen an hündisches Fitnesstraining auch immer spezifischer – was super ist, denn genau darum geht es. Und so kamen immer detailliertere Fragen auf, in denen es dann um Krankheiten oder Sportarten ging.

Lange Zeit habe ich mich dagegen gewehrt, ein Buch zu schreiben, das spezifische Übungen für spezielle Krankheiten oder Hundesportarten auflistet. Sind unsere Hunde doch alle so individuell und man muss genau hinschauen, was welchem Hund wie guttut. Und das ist hochkomplex. Das hat nicht nur mit dem Naturell des Hundes, seiner Erwartungshaltung, seiner Motivation und seinen körperlichen Stärken und Schwächen zu tun. Sondern auch damit, wie dieser individuelle Hund die Übungen ausführt und damit vermeintlich andere Körperbereiche nutzt und andere Muskelpartien trainiert, als man sich das gedacht hat. Zusätzlich kommt dann noch die Physis dieses speziellen Hundes dazu, also seine körperliche Struktur in all ihrer Diversität.

Und dennoch liegt dieses Buch jetzt vor Ihnen. Warum?

- Weil viele Menschen darum gebeten haben, zumindest eine grobe Idee vor sich zu haben, was grundsätzlich empfehlenswert wäre, um dann davon ggf. abweichen zu können.

- Weil in der Ausbildung von Tierphysiotherapeuten das aktive Training leider immer noch einen verschwindend geringen Teil einnimmt und dieses Buch eine Hilfe zum Nachschlagen sein möchte.

- Weil Hundesportler sich immer mehr für die korrekte Vorbereitung, Begleitung und Nachbereitung ihres Sports interessieren, es aber wenig konkrete Ideen dazu gibt.

- Und nicht zuletzt, weil meine Webinare zu diesen Themen immer ein voller Erfolg waren und viele nach einer handlichen Möglichkeit gefragt haben, in die man immer wieder hineingucken kann.

Deswegen ein Danke an all diese Menschen und insbesondere die Gymnastrickstrainer, die nicht lockergelassen haben. Deswegen liegt dieses Buch jetzt vor Ihnen.

Was noch zu sagen ist: Im Hundefitnesstraining gibt es wenig, das wissenschaftlich belegt ist. Viele Dinge erschließen sich einem aus der Erfahrung oder werden abgeleitet aus dem Pferde- oder Humanbereich. Das ist einfach wichtig zu wissen. Die Studien, die es momentan zum Thema gibt, finden Sie in extra Kästen vermerkt.

Und nun viel Spaß beim Lesen.

Ihre Carmen Heritier

P.S: Gymnastrickstrainer sind Hundetrainer oder Hundephysiotherapeuten, die bei meinem Team und mir eine Ausbildung zum Thema Gymnastricks gemacht haben und dementsprechend geschult sind, die Details des Hundekörpers während unterschiedlicher Gymnastricks genauestens zu analysieren. Bei ihnen finden Sie kompetente Beratung rund um hündische Fitness.

Zum Aufbau des Buchs

Teil I *befasst sich mit den allgemeinen Trainingsgrundlagen und den „Grundübungen", die wir später für alle Gymnastricks brauchen.*

Teil II *beleuchtet, welche Gymnastricks bei welchen Sportarten, Krankheiten oder speziellen Bedürfnissen geeignet sind, ohne den Übungsaufbau selbst näher zu beschreiben. Diesen finden Sie in Teil III.*

Teil III *erklärt den Gymnastricks-Aufbau und Durchführung in alphabetischer Reihenfolge. Hier erfahren Sie Schritt für Schritt, wie Sie die jeweilige Übung trainieren und richtig durchführen.*

Alle Erklärvideos zum Buch finden Sie unter:
https://www.hundebuchshop.com/nextshopcms/Videos-zu-Gymnastricks-2-0.htm

TEIL I

GRUNDLAGEN

1. Grundlagen für das Training

Locken oder Clickertraining?

„Oooooh weh, beim Locken lernt der Hund doch gar nichts!"

„Ach, Clickern ist doch nur was für Trainings-Nerds!"

Beide Aussagen hört man oft. Beide Aussagen stimmen so aber nicht…

Als ich mich 2003 tiefer ins Hundetraining einlas, gab es noch sehr wenig über Clickertraining auf deutsch zu lesen. Meine Infos hatte ich von amerikanischen Websites oder der deutschen Yahoo-Clicker-Liste. Kurz darauf reiste ich nach England, um dort bei Kay Laurence die Clickertrainer-Ausbildung zu machen. Ich bin also ganz klar ein Clickertrainingsfan und bilde sogar mein Jungpferd komplett darüber aus. Und ja, ich bin ein Nerd. Das müssen Sie aber nicht sein. Clickertraining hat viele Vorteile, aber es bedarf einer gewissen Übung. Häufig habe ich Hundephysiotherapeuten erlebt, die die Grundlagen, die ich in Seminaren oder Webinaren vermittle, z.B. unterschiedliche Markersignale oder Targets, zwar faszinierend fanden, aber auch immer sorgenvoll an ihre Mensch-Hunde-Teams zuhause dachten, die gemeinsames Training so gar nicht umgesetzt bekommen. Im Bereich des aktiven Trainings muss es manchmal einfach schnell gehen, damit eine Reha sinnvoll umgesetzt werden kann. Und dann bleibt leider keine Zeit, gute Grundlagen zu etablieren, sondern man muss dem Hund die Übung so zeigen, dass er sie sofort umsetzt. Weil eben der Körper momentan wichtiger ist als der Geist und es die Hauptsache für die bestimmte Muskelgruppe ist, dass die Übung jetzt genau so ausgeführt wird, unabhängig davon, ob der Hund die Übung bis ins letzte Detail verstanden hat.

Verstehen Sie mich nicht falsch: ich bin ein riesiger Fan von kleinschrittigem, durchdachtem Training, das immer das Ziel haben sollte, dass der Hund die Übung bestmöglich versteht. Das ist mein Anspruch als Trainerin. Für manche Fälle ist das aber so nicht umsetzbar. Deshalb sind alle Gymnastricks hier ausführlich, basierend auf den Grundlagen wie Targets etc. beschrieben. Scheuen Sie sich aber nicht, die „Abkürzung" über eine Futtertube vor der Nase zu nehmen, wenn akut keine Zeit für kleinschrittiges Training bleibt. Seien Sie sich der „Zugwirkung" dieser Futtertube bewusst und analysieren Sie, was währenddessen im Körper passiert. Und hoffentlich ist der Hund bald wieder so fit, dass man die Gymnastricks als Prehab – nutzen und sie dann fundiert aufbauen kann. „Prehab" – Das Wort stammt aus Amerika und bildet sich aus den beiden Worten *pre = vor* und *rehab = Reha* und bedeutet nichts anderes, als das man versucht, durch gezieltes Training eine gewisse Problematik hinauszuzögern oder zu verhindern.

Markersignale

Markersignale sind aus dem Tier- und Hundetraining nicht mehr wegzudenken. Ihre Vorteile sind vielseitig:

Zum einen können sie die Zeit zwischen dem Verhalten des Hundes und der Belohnung überbrücken, ein Markersignal ist also eine Art Versprechen, das aussagt: „Deine Belohnung hierfür kommt gleich." Zum anderen markieren sie eindeutig den Zeitpunkt des gewünschten Verhaltens und sind damit sehr förderlich für die eindeutige Kommunikation. Beide Aspekte sind besonders hilfreich, wenn man in einiger Entfernung zum Hund arbeitet. Dabei ist es unerheblich, ob Sie tatsächlich mit einem Clicker oder mit einem Markerwort arbeiten. Beides sollte selbstverständlich entsprechend vorher etabliert sein. Tatsächlich arbeite ich im Training mit meinen Hunden mit unterschiedlichen Markern, um noch klarer kommunizieren zu können, um was es mir geht. Was die Unterschiede sind und wie ich die Marker aufbaue, erfahren Sie hier:

„Click"

Der „Click" bedeutet für entsprechend konditionierte Hunde: „Das, was du gerade tust, ist richtig, ich verspreche dir hiermit eine Belohnung." Dieses Versprechen ermöglicht eine sehr genaue Kommunikation mit Ihrem Hund, auch auf weitere Distanz und ist, weil eine motorische Bewegung (das Clicken mit dem Daumen) schneller ausgeführt wird als Sie sprechen können, besonders treffsicher. Folgendermaßen können Sie den Click oder alternativ ein Lobwort etablieren:

1) Am Anfang hat Ihr Hund keine Ahnung, was das Geräusch des Clickers bedeutet. Also besteht der erste Schritt in der Konditionierung des Vierbeiners. Hier setzen Sie einen Click in direkter Verbindung mit einer Belohnung. Ihr Vierbeiner muss erst einmal lernen, dass der Clicker die Belohnung ankündigt.

2) Setzen Sie sich mit Ihrem Hund an einen ruhigen Ort, wo er nicht abgelenkt werden kann. Legen Sie sich 10–20 Leckerchen zurecht. Klicken Sie einfach beiläufig und geben Sie ihrem Hund sofort ein Leckerli. Achten Sie auf folgende Reihenfolge: „Click" – Ihre Hand greift zum Futter – Sie füttern den Hund – Hund frisst.

3) Wiederholen Sie das Ganze. Achten Sie darauf, Ihren Hund in unterschiedlichen Positionen (z.B. im Sitzen, Stehen, Liegen, Laufen) zu clicken. Was Ihr Hund ansonsten gerade tut, ist zunächst völlig irrelevant.

4) Sie können dies mehrmals am Tag trainieren, aber halten Sie die jeweiligen Einheiten kurz.

5) Ob Ihr Hund den Clicker mit einer Belohnung verknüpft hat, erkennen Sie daran, dass er sich Ihnen nun zuwendet, wenn Sie den Clicker betätigen.

Der Click hat neben all seinen Vorteilen einen entscheidenden Nachteil: er bietet Ihrem Hund keine Zusatzinformation darüber, was nach ihm kommt. Und Zusatzinformationen können in manchen Situationen sehr hilfreich sein. So können Sie zwei weitere Markersignale, die eben genau solche Zusatzinformationen enthalten, nutzen.

Keep Going (statisch)

Eines dieser Signale sagt Ihrem Hund „Das, was du gerade tust, ist super. Ich verspreche dir hiermit eine Belohnung. Verharre in der Position, in der du dich gerade befindest." Dieses Versprechen wird im Folgenden statisches Keep-Going-Signal genannt.

Sie können Ihrem Hund somit die Zusatzinformation bieten, dass ein statisches Verharren sich lohnt und er nicht freudig aufspringen und zu Ihnen kommen soll – was nach einem „Click" durchaus legitim wäre. Das ist besonders praktisch, wenn Sie ruhiges, konzentriertes Arbeiten belohnen möchten.

Übungsschritte:

1) Im Idealfall nutzen Sie für den Aufbau des statischen Keep-Going-Signals eine Übung, die Ihr Hund bereits kennt, z. B. das Verharren im Sitz oder Platz.

2) Trainieren Sie diese Übung zu einem Zeitpunkt, an dem Ihr Hund entspannt und gelassen ist und an einem Ort, an dem sich Ihr Hund wohlfühlt.

3) Fragen Sie die Übung ab und markern Sie nicht mit Ihrem normalen Lobwort oder dem Clicker, sondern nutzen direkt das statische Keep-Going-Signal, z. B. „guuuuut". Sprechen Sie Ihr Signal ruhig und nahezu gelangweilt aus, um Ihren Hund nicht in Anspannung zu versetzen.

4) Geben Sie Ihrem Hund sein Leckerli. Machen Sie das zügig, aber nicht gehetzt. Verwenden Sie im Idealfall ein Leckerli, das er lange kauen muss.

5) So haben Sie direkt die Möglichkeit, das „guuuuut" wieder und wieder anzuwenden.

6) Wichtig ist, Ihren Hund dann aus der Situation zu entlassen, zum Beispiel mit einem Ende-Signal (siehe S. 33).

7) Generalisieren Sie das statische Keep-Going-Signal an unterschiedlichen Orten mit unterschiedlichen Übungen. Dann können Sie es auch für noch unbekannte Übungen nutzen.

Keep Going (dynamisch)

Im Gegensatz zum statischen Keep-Going-Signal können Sie auch ein dynamisches Keep-Going-Signal nutzen. Dieses ist klasse für Bewegungsabläufe, denn es gibt dem Hund das Feedback, dass er einfach mit der angefangenen Bewegung fortfahren soll. Für die Bodenarbeit können Sie dieses z.B. nutzen, wenn Ihr Hund mit dem Fokus auf den Boden gerichtet vorwärtslaufen soll.

Aufbau:

1) Stellen Sie sicher, dass Sie etwas Platz haben, um sich gemeinsam mit Ihrem Hund zu bewegen.

2) Zeigen Sie Ihrem Hund, dass Sie Leckerchen dabeihaben.

3) Nehmen Sie diese in eine Hand, und zwar so, dass Ihr Handrücken zum Hund zeigt und die Kekse in der Handfläche liegen.

4) Füttern Sie Ihren Hund zunächst wortlos aus dieser Hand.

5) Fangen Sie dann an, sich vorwärtszubewegen und ermuntern Ihren Hund, Ihnen zu folgen. Im Idealfall gehen Sie im Laufe dieser Übung mehrere Kreise und Ihr Hund läuft außen, während Sie sich innen bewegen.

6) Füttern Sie Ihren Hund für das Nachfolgen und Fokussieren Ihrer Hand aus dieser. Wichtig ist dabei, dass Sie ihm zu verstehen geben, dass er direkt wieder nachfolgen soll, d.h. achten Sie darauf, dass er ggf. im Laufen isst.

7) Nutzen Sie kurz vor dem Füttern Ihr dynamisches Keep-Going-Signal z.B. „Go on".

8) Generalisieren Sie diese Übung an unterschiedlichen Orten und mit unterschiedlichen Bewegungen, z.B. Drehungen um die eigene Achse.

Targets

„Target" ist Englisch und bedeutet Ziel. Damit ist das Konzept des Targettrainings auch schon ziemlich gut beschrieben. Es geht nämlich darum, dem Tier, in unserem Fall dem Hund, ein klares Ziel vorzugeben und so das Training zu erleichtern. Das Targettraining kommt, wie die meisten Trainingsmethoden des modernen Hundetrainings, aus dem Zootiertraining. Hier wurde das Targettraining hauptsächlich für Handlingübungen genutzt, zum Beispiel indem man Großkatzen spezielle Ziele im Gehege anlaufen lässt, um dann Absperrungen schließen und gewisse Bereiche reinigen zu können. Oder aber um pflegerische oder medizinische Handgriffe verrichten zu können, wie beispielsweise das Stutzen der Krallen.

Targets sind für die Bodenarbeit unerlässlich. Sie ermöglichen es, dass Ihr Hund unabhängig von Ihnen und selbstständig ein Ziel anläuft. Trainieren Sie diese Grundlagen ausführlich. Sie sind ideal auch zur mentalen Einstimmung Ihres Hundes auf das weitere Training und sind ideale Einstiegsübungen vor jeder Bodenarbeit.

Bodentarget

Ein Bodentarget ist für viele Gymnastricks sehr sinnvoll. Bringen Sie Ihrem Hund bei, sowohl mit den Hinterpfoten ein Target aufzusuchen als auch mit den Vorderpfoten. Ich empfehle, unterschiedliche Targets zu nutzen: ein rechteckiges für die Hinterhand und ein rundes für die Vorderhand. Kennt Ihr Hund beide Versionen, können Sie die Targets natürlich generalisieren und auf Wortsignal setzen.

Beginnen Sie zunächst mit dem Hinterpfotentarget. Ist dieses etabliert, üben Sie das Vorderpfotentarget. Die Hinterpfoten erscheinen zunächst etwas komplizierter, was zumeist der Wahrheit entspricht. Haben Sie es geschafft, Ihrem Hund zu erklären, dass er mit den Hinterpfoten auf etwas stehen soll, ist es ein Klacks, dies auch mit den Vorderpfoten umzusetzen. Andersherum ist Ihr Hund sonst so auf die Vorderpfoten fokussiert, dass er an die Hinterpfoten gar nicht mehr denkt.

Wählen Sie ein rundes Target für die Vorderhand und bestätigen Sie bei den ersten Versuchen auch solche, die nicht perfekt sind.

Lissy steht mit ihren Hinterpfoten auf dem Hinterhandtarget. Zunächst können Sie für hinten immer einen rechteckigen Gegenstand wählen, um Ihrem Hund die Unterscheidung zu vereinfachen.

Übungsschritte:

1) Halten Sie Clicker und Leckerchen bereit.

2) Nehmen Sie das Pfotentarget (z. B. großer Untersetzer / Sitzkissen) in die Hand und machen es interessant, z. B. mit „Oh, was habe ich denn da …"

3) Nun legen Sie das Pfotentarget auf den Boden und clicken bereits das erste Interesse Ihres Hundes hierfür. Werfen Sie das Leckerchen von Ihrem Übungsort weg.

4) Nehmen Sie auch das Pfotentarget hoch. Sobald sich Ihr Hund Ihnen wieder zuwendet, legen Sie das Pfotentarget effektwirksam auf den Boden, gehen Sie einen Schritt hinter das Target und clicken nun nur noch Pfotenaktionen Ihres Hundes. Werfen Sie das Leckerchen weg und lassen das Target nun liegen.

5) Dies machen Sie so lange, bis Ihr Hund mit beiden Pfoten auf dem Target steht. Dann clicken Sie ihn mehrmals und füttern ihn hier fest. Mit einem „Wegwerfleckerchen" lassen Sie das Target wieder anlaufen.

6) Clicken Sie wieder das Stehen mit beiden Pfoten hierauf usw.

Nicht jedes Equipment ist für jeden Hund geeignet: hier ist zu wenig Luft drin für Hexe.

Handtarget

Das Handtarget ist eine der grundlegenden Übungen für einfaches Handling im Hundetraining und hilft auch für Übungen zur Gesunderhaltung sehr. Ihr Hund lernt dabei, mit seiner Schnauze Ihre Handfläche zu berühren. So können Sie das Handtarget ähnlich einer Futterhand benutzen – mit dem Vorteil, dass Ihr Hund nicht blind dem Futter hinterherrennt und Sie freier im Handling mit Clicker und Leckerlis sind.

Übungsschritte:

1) Für den Aufbau des Handtargets halten Sie Clicker und Leckerlis bereit. Stellen Sie die Leckerlis am besten in einem Gefäß auf den Tisch oder schnallen Sie sich einen Futterbeutel um. Halten Sie die Leckerlis nicht in der Hand!

2) Halten Sie Ihre flache Handfläche vor die Schnauze Ihres Hundes. Spannen Sie dabei Ihre Hand an, um sie interessanter zu machen. Ihr Hund wird höchstwahrscheinlich Interesse an Ihrer Hand zeigen: Clicken und belohnen Sie ihn dafür. Das Futter bekommt er zunächst aus der anderen Hand.

3) Zum Beispiel: Die linke angespannte Hand taucht auf, Ihr Hund schnüffelt daran, „Click", linke Hand verschwindet, rechte Hand greift nach Futter und gibt dem Hund das Leckerli. Wenn der Hund gefressen hat, taucht die linke Hand wieder irgendwo auf ... und so weiter.

4) Wiederholen Sie dies mehrmals. Achten Sie darauf, die Hand dem Hund gleich zu Anfang in allen möglichen Richtungen um Sie herum anzubieten:

   - links von Ihnen
   - rechts von Ihnen
   - vor Ihnen
   - eher tief
   - eher hoch

5) Achten Sie darauf, dass Ihr Hund nicht immer in der gleichen Position belohnt wird, da er diese sonst mitverknüpfen könnte.

6) Wechseln Sie nun die Hände ab und belohnen auch einmal direkt aus der Hand.

7) Generalisieren Sie die Übung an unterschiedlichen Orten. Führen Sie ggf. ein Wortsignal ein.

Hooley ist minimal davor, die Hand zu berühren: Click & Keks.

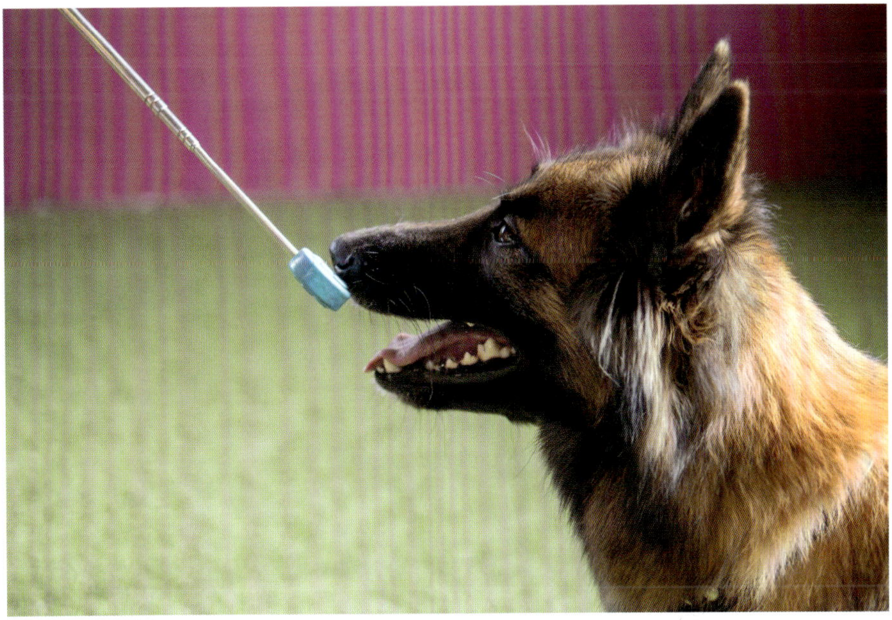

Wer möchte, kann auch einen Targetstick etablieren.

Kinntarget (Hold)

Das Kinntarget oder „Hold"-Target ist eine ideale „Ommm"-Übung, wenn Ihr Hund sich hochzufahren droht oder einfach kurz eine Pause an Ort und Stelle nötig ist.

Übungsschritte:

1) Begeben Sie sich auf Kopfhöhe mit Ihrem Hund. Je nach Größe fällt das schwerer oder leichter. Ein gutes Hilfsmittel ist ein Sofa, auf dem entweder Sie oder Ihr Hund Platz nehmen. Idealerweise liegt Ihr Hund bei dieser Übung.

2) Zeigen Sie Ihrem Hund, dass Sie heute besonders gutriechende Leckerchen zum Trainieren verwenden. Er bekommt allerdings noch keines davon.

3) Formen Sie mit Ihrer Hand eine Art Kuhle, in die Ihr Hund später seine Schnauze bzw. seinen kompletten Kopf legen soll.

4) Halten Sie diese Kuhle direkt zwischen Hundeschnauze und Leckerli und so, dass Ihr Hund seine Schnauze nur minimal in Richtung des Leckerlies bewegen muss und dabei schon in Ihre vorgeformte Kuhle rutscht. Es kann sein, dass Sie den Abstand des Leckerlis hierzu variieren müssen, „spielen" Sie mit diesem Abstand. Dieses erste Berühren markern (Keep-Going-Signal statisch) und belohnen Sie. Achten Sie jedoch von Anfang an darauf, dass die Schnauze Ihres Hundes sich flächig in Ihrer Hand befindet, damit Ihr Hund kein falsches Bild von der Übung bekommt.

5) Wiederholen Sie dieses „In-die-Kuhle-Bewegen" mehrmals.

6) Jetzt geht es darum, dass Ihr Hund aktiv Gewicht an Ihre Hand abgibt, seine Schnauze sozusagen in Ihre Hand drückt. Das erreichen Sie, indem Sie vorgehen wie bisher beschrieben, Ihren Hund jedoch nicht sofort belohnen, sondern das Leckerli etwas nach unten bewegen. Hierbei müssen Sie mit etwas Geschick und kleinschrittig vorgehen, sodass Ihr Hund die Schnauze nicht aus der Kuhle bewegt, sondern nur nach unten schielt und somit die Schnauze auch etwas nach unten drückt. Diesen Moment markern Sie und lassen Ihren Hund das angebotene Leckerchen in der Position fressen. Wiederholen Sie dies so häufig, bis Sie das Gefühl haben, Ihr Hund hat das Konzept verstanden.

7) Versuchen Sie jetzt, die Entlastung noch aktiver herbeizuführen, indem Sie Ihrem Hund die Kuhle immer tiefer anbieten. Alternativ, je nach Hund, bewegen Sie Ihre

Hand erst, wenn Ihr Hund seine Schnauze schon abgelegt hat.

8) Versuchen Sie nun, die Dauer des Drucks zu verlängern. Dies klappt erstaunlicherweise bei diesem Target recht zügig.

9) Führen Sie ein Wortsignal ein und schleichen das Leckerli langsam aus, indem Sie es ab und zu noch zum Herbeiführen der Übung benutzen, es teilweise aber nicht mehr vorhanden ist.

Hier sehen Sie, wie Ivy vertrauensvoll den Kopf ablegt und mit den Augen Kontakt zu Frauchen sucht.

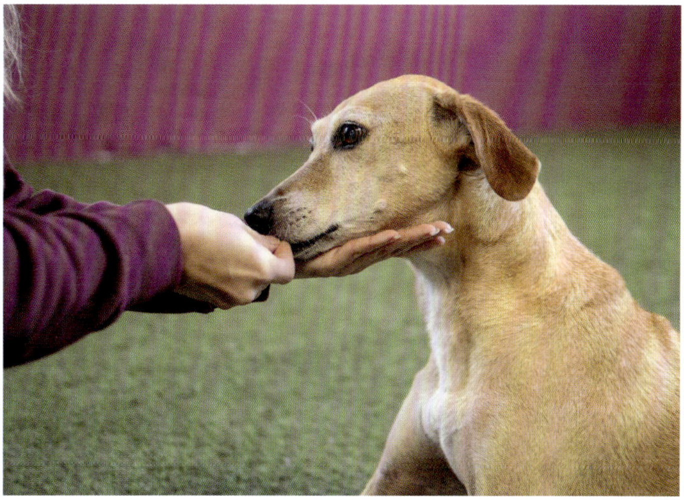

Laika lernt das „Hold" erst noch kennen …

Plattformtraining

Das Plattformtraining ist eine tolle Grundlagenübung, die sich nachher mit vielen Gymnastricks kombinieren lässt. Die Plattform bedeutet für Ihren Hund später, dass er „einfach nur" stehenbleiben soll, etwas, was für Ihren Hund ohne Plattform zumeist sehr schwierig ist. Zudem können Sie diese Übung auch für sportliche Übungen wie die Fußarbeit oder Medical Training nutzen.

Für das Plattformtraining benötigen Sie eine Plattform, die so groß ist, dass Ihr Hund darauf bequem und korrekt stehen kann, sowohl in der Länge als auch in der Breite. Dabei ist es unerheblich, ob Sie ein einfaches Brett nutzen oder z. B. den Dogstepper. Wichtig ist nur, dass Sie zunächst, bis das Wortsignal etabliert ist, nicht das gleiche Objekt für das „Over" und das Plattformtraining verwenden, um eindeutig für Ihren Hund zu sein.

Wie gelingt der Aufbau des Plattformtrainings? Wichtig sind hierbei Selbständigkeit und Präzision. Durch die genau an Ihren Hund angepasste Größe arbeiten Sie beim Plattformtraining im Prinzip parallel an beidem. Im Training achten Sie auf:

- selbstständiges Anlaufen
- präzises Stehen auf der Plattform
- Unabhängigkeit von Ihrer Position

Basisübung „Plattform"

Hierfür benötigen Sie ein rechteckiges Objekt, das ungefähr so groß und breit ist wie Ihr Hund. Bewährt haben sich zusammensteckbare Dogstepper oder eine Holzdiele. Zusätzlich kann ggf. der Einsatz eines Hockers hilfreich sein, auf dem Sie Ihre Belohnung platzieren können.

Übungsschritte:

1) Platzieren Sie die Plattform so auf dem Boden, dass sie gerade liegt und nicht wackelt. Halten Sie Leckerlis und Clicker o. Ä. bereit.

2) Helfen Sie Ihrem Hund auf die Plattform, z. B. indem Sie ihn mit dem Handtouch führen. Zunächst üben Sie dies von direkt hinter der Plattform, sodass Ihr Hund diese gerade anlaufen kann. Ist er zögerlich, markern Sie bereits das erste Interesse, also Schnüffeln oder das einzelne Setzen von Pfoten. Sie sollten dann schlussendlich direkt vor der Plattform

stehen. Einigen Hunden hilft es, wenn Sie beim Hinaufführen rückwärts gehen.

3) Fürstliches Lob erhält Ihr Hund, wenn er mit allen vier Pfoten auf der Plattform steht. Im Idealfall belastet er alle Pfoten gleich und steht parallel.

4) Füttern Sie Ihren Hund hier „fest“, also belohnen ihn mehrmals für das gleiche Verhalten, das Stehenbleiben. Hier können Sie Ihren statischen Keep-Going-Marker, z. B. „guuut“ nutzen.

5) Lösen Sie die Übung nun auf, indem Sie ein Leckerli nach hinten, hinter die Plattform werfen. So verlässt Ihr Hund die Plattform in die Richtung, aus der er gekommen ist und kann sie gleich wieder anlaufen.

6) Verharren Sie in Ihrer Position und warten ab, ob Ihr Hund selbstständig die Entscheidung trifft, wieder auf die Plattform zu kommen. Wenn ja, loben Sie ihn ausführlich und füttern ihn wieder fest. Wenn nein, helfen Sie mit dem Handtouch oder mit Locken etwas nach.

7) Verändern Sie nun langsam Ihre Position in Relation zum Hund. Stehen Sie also mal rechts, mal links der Plattform, immer ungefähr auf Schulterhöhe. Als Fokuspunkt können Sie dann mit dem Hocker arbeiten, auf dem Sie die Leckerlies füttern.

Hier könnte vieles verbessert werden: Die Plattform ist für Snoopy zu breit, was ein schräges Stehen ermöglicht. Zudem wird er sehr hoch gefüttert, Snoopy muss seinen Kopf überstrecken und seine Wirbelsäule verdrehen. Er stellt auch seine Hinterpfoten unter und sinkt sogar etwas im Knie ein. Achten Sie von Anfang an auf solche Details und üben am besten mit einem Spiegel.

Isometrisches Training

Isometrische Übungen sind ein tolles Mittel, um die Körperwahrnehmung Ihres Hundes zu schulen und ihn nebenbei für ruhiges, konzentriertes Mitdenken zu belohnen. Neben der Körperwahrnehmung werden beim isometrischen Training auch der Gleichgewichtssinn und die entsprechend angesprochenen Muskelpartien trainiert.

Man kennt isometrische Übungen auch unter dem Namen „Stabilitätsübungen" oder „statisches Krafttraining". Dabei spielt die Beschreibung „statisches Krafttraining" darauf an, dass das Training nicht dynamisch ist. Damit ist gemeint, dass isometrisches Training eine Form des Muskelaufbaus ohne Gelenksbewegung ist. Wenn Sie Ihren Oberarm mit Hanteln trainieren, beugen Sie ja zum Beispiel jedes Mal das Ellbogengelenk. Das wäre also dynamisch, mit Gelenksbewegung. Das ist bei isometrischen Übungen nicht der Fall. Sie arbeiten dort über eine Spannungsänderung im Muskel, ohne dass dieser seine Lage verändert. Das ist der Vorteil des isometrischen Trainings, aber auch dessen Nachteil.

Die Intensität des Trainings ist einfach steuerbar, weil über Druck oder Zug gearbeitet wird. Und das im Prinzip mit dem eigenen Körpergewicht (im menschlichen Fall) beziehungsweise mit dem Hundegewicht (im hündischen Fall) oder kombiniert (wenn man als Mensch Druck oder Zug aufbaut).

Als Ergänzung zur Bodenarbeit ist es so eigentlich für jeden Hund geeignet, denn auch ältere Hunde oder bereits Junghunde profitieren hiervon. Für Sportskanonen kann man das isometrische Training noch anstrengender machen, indem man mit einem wackeligen Untergrund arbeitet oder den Hund erhöht stellt (z. B. vorne hoch, hinten tief).

Hintergrund

Wenn man das Wort Isometrie zergliedert, bedeutet „iso" gleich und „metrisch" das Maß betreffend. Es findet nur eine Spannungsveränderung, keine Längenveränderung im Muskel statt, das Gelenk wird nicht bewegt. Das bedeutet, dass Anspannung, Druck oder Zug, das Muskeltraining auslösen. Als Beispiel aus dem Humanbereich sei hier das Armdrücken erwähnt. Wenn sich zwei Personen gegenübersitzen und Druck aufbauen, sieht man nicht viel. Man sieht, wenn die entsprechenden Gegner ungefähr gleich stark sind, nicht viel bis zu dem Punkt, an dem ein Gegner aufgeben muss, weil der andere tatsächlich doch mehr Druck aufbauen kann.

Isometrisches Training ist insbesondere für ruhelose Hunde sehr vorteilhaft, da sie hierdurch erfahrungsgemäß lernen können, sich selbst besser zu spüren. Selbstredend profitieren so auch besonders junge Hunde und Senioren von isometrischem Training.

Achtung!

Bei all den Vorteilen des isometrischen Trainings ist es wichtig, die Vorgänge zu kennen, die dabei im Körper ablaufen. Bezogen auf den Muskelstoffwechsel besteht kein Unterschied zwischen Mensch und Hund. Dieser funktioniert, was die Abbauprodukte angeht, ähnlich.

Folgendes kann im Hundekörper passieren: rein statische Übungen könnten auf Dauer dazu führen, dass Muskelwachstum und -elastizität stagnieren oder abnehmen. Das bedeutet, wenn man nur statisches Krafttraining machen würde, gäbe es tatsächlich wenig Elastizität im Muskel. Warum? Wenn keine Gelenksbewegung stattfindet, müssten sich die Muskeln, Bänder und Sehnen nicht großartig dehnen lassen. Dementsprechend ist dies wichtig zu erwähnen, da isometrisches Training oder isometrische Übungen zum Beispiel im Reha-Bereich zurecht gerne angepriesen werden. Dabei muss man sich bewusst sein, dass es während dieser Haltearbeit eine verminderte Blutzufuhr gibt. Das bedeutet, der Spannungszustand bleibt gleich, also die Muskulatur arbeitet, jedoch gibt es weniger Blutfluss, da das Blut auch mit der Bewegung in die Muskulatur gepumpt wird. Dementsprechend bedeutet dies, dass sich Stoffwechselabbauprodukte wie zum Beispiel Laktat anhäufen können und weniger gut abtransportiert werden. Es kann also sein, dass der Muskel übersäuert, was dann zu Muskelverhärtungen führen kann, die auch über Triggerpunkte wahrnehmbar sein können. Sie sollten also im Kopf haben, dass nach dem isometrischen Training immer eine Aktivitätsphase folgen sollte, um die Stoffwechselprodukte abzubauen. Sollte aktives Bewegen Ihrem Hund nicht möglich sein, kann ein passives Durchbewegen durch Sie selbst Abhilfe schaffen.

Sinn & Zweck

Den Sinn und Zweck des isometrischen Trainings kann man aus unterschiedlichsten Warten betrachten. Hier sind vier Punkte (von vielen) aufgelistet, die im Folgenden näher thematisiert werden:

- Muskelaufbau
- Körperbewusstsein
- Entspannung
- Proofing im Training

Muskelaufbau

Isometrisches Training kann genutzt werden, um die Kraftausdauer zu trainieren.

Wichtig ist dabei, dass Sie genau wissen, was Sie tun, wie Ihr Hund steht und wie er den Druck oder den Zug erwidert. Es ist oftmals so, dass man denkt, wenn zum Beispiel vorne rechts an der Schulter Druck aufgebaut wird, dass der Hund vorne rechts an der Schulter am meisten Muskelarbeit leistet. Das Problem ist aber, dass man das nicht so pauschal sagen kann, sondern es ganz stark darauf ankommt, wie der jeweilige Hund reagiert. Ob es ein Typ Hund ist, der sich praktisch komplett mit dem ganzen Körper gegen den Druck wirft, oder ob er relativ entspannt viel aus seiner gesamten Balance macht und den Bereich der rechten Schulter gar nicht so deutlich anspricht, da er insgesamt gut ausbalanciert ist und an verschiedenen Stellen etwas mehr Druck mitgibt.

Das bedeutet, im Bereich Muskelaufbau müssen Sie genau darauf achten, wie Ihr Hund steht und ob er wirklich komplett ausbalanciert ist, bevor Sie anfangen, Druck oder Zug aufzubauen. Und dabei auch genau beobachten, wie sich der Stand ändert. Hier ist zu empfehlen, dass Sie sich selbst filmen oder vor einem Spiegel trainieren, um das Ganze genauer anschauen zu können.

Tatsächlich ist es so, dass an der Stelle, an der Druck aufgebaut wird, zunächst der meiste und auch intensivste Gegendruck kommt. Grundsätzlich ist es aber auch so, dass Körperteile nicht isoliert voneinander zu betrachten sind. Der Körper ist ein System, das heißt es wird auch überall sonst Muskelarbeit aufgetan werden, um dem Druck entgegenzuwirken und das Gleichgewicht halten zu können. Dementsprechend ist ein genaues Beobachten sehr wichtig. Es kann sein, dass Ihnen dabei auffällt, dass Ihr Hund eine Schonhaltung hat und diese auch im isometrischen Training weiterführt.

Körperbewusstsein

Dadurch, dass Sie direkt am Hund arbeiten, helfen Sie ihm dabei, sich seiner selbst bewusst zu werden. Achten Sie hierbei auch einmal auf Ihren Atem und atmen ganz bewusst ein- und aus. Oftmals synchronisiert sich der Atem von Mensch und Hund dann.

Wenn Sie Druck oder Zug Ihrem Hund gegenüber aufbauen, möchte dieser sich – hoffentlich – nicht irgendwo hindrücken lassen, sondern gegen diese Lageverschiebung im Raum angehen. Wenn Ihr Hund aus welchem Grund auch immer andere Erfahrungen gemacht hat und eher ausweicht, müssen Sie wesentlich kleinschrittiger im Training vorgehen, damit Ihr Hund versteht, dass es darum geht Gegendruck aufzubauen sowie um das Aushalten und Stehen- bzw. Liegenbleiben.

Entspannung

Isometrisches Training wird von einigen Trainern und Hundehaltern erfolgreich als entspannendes Element im Hundetraining genutzt. Das heißt, wenn Sie und Ihr Hund in einer aufregenden Situation sind, begeben Sie sich auf Höhe des Hundes, rufen die isometrischen Übungen ab (nachdem sie vorher aufgebaut wurden) und geben dem Hund dadurch eine gewisse Sicherheit. Dies hat auch ganz viel mit Körperbewusstsein zu tun. Bei Menschen würde man sagen: „Atmen Sie doch einmal tief durch". So können Sie Ihrem Hund helfen, zu sich zu kommen. Dies wurde teilweise sogar im Bereich der konditionierten Entspannung genutzt und dabei noch mit olfaktorischen Signalen wie z.B. Lavendel- oder Zirbengeruch kombiniert.

Proofing im Hundesport

Im Hundesport kann das isometrische Training sehr gut genutzt werden, um statische Positionen zu festigen. Es gibt im Hundesport bestimmte Positionen, die der Hund halten soll und durch sogenanntes „Overtraining" werden diese wahrnehmbarer für den Hund und zuverlässiger ausgeführt.

Kurzer Exkurs: Beim Overtraining geht es darum, dass Sie Ihren Hund (dies können Sie auch im Alltag anwenden), im Training in Situationen bringen, die er so in einer Prüfung oder einem Turnier gar nicht erleben würde, da sie krasser sind als das, was von ihm in der Prüfung erwartet wird. Das Schöne daran ist, dass Sie Ihren Hund nicht ihn ins kalte Wasser werfen und überfordern, sondern die Situation Stück für Stück aufbauen. Sie laufen durch 15 Luftballons und einer davon platzt (natürlich nur, wenn Sie keinen empfindlichen Hund haben), dies wird Stück für Stück aufgebaut.

So können Sie die isometrischen Übungen dazu nutzen: Wenn Sie möchten, dass Ihr Hund ein Steh zeigt, können Sie ihm das durch das Konzept des isometrischen Trainings besser verständlich machen. Sie fragen die Übung „Steh" ab und geben Ihr Ankündigungssignal „iso" (siehe S. 32), um dann Druck aufzubauen. Die Situation des Gegenhaltens und aktiven Bleibens in der Position stärkt natürlich das Verständnis für die Position an sich. Nicht selten schaut man dabei in ein nahezu grinsendes Hundegesicht, das zu sagen scheint „du kannst so viel drücken, wie du magst, ich kenne meine Position!". So können Sie das isometrische Training vielfältig einsetzen und es ist wie bei vielem im Hundetraining: Wenn man eine gute Basis hat, kann man es für andere Dinge weiterverwenden.

Trainingseinheit

Für korrektes isometrisches Training sind folgende Punkte wichtig zu beachten:

- Das Ausführen einer korrekten Position ist sehr wichtig: Wenn man es zunächst aus dem Bereich Körperbewusstseinsschulung betrachtet, sollten Sie Ihren Hund nicht in einer inkorrekten Position bestätigen. Das bedeutet zum Beispiel, dass Ihr Hund im korrekten Sphinx-Platz liegt, also die Knie enganliegend am Körper und die Hüfte nicht umgekippt.

- Grundsätzlich ist es egal, wie sich Ihr Hund im Alltag hinlegt. Wenn Sie muskulär trainieren möchten, sollte die Position jedoch so nahe wie möglich an der physiologisch korrekten Ausführung sein. Das bedeutet ein Sphinx-Platz oder ein ausbalanciertes Steh. Wenn Ihr Hund dabei schon schief steht, ist dies nicht tragisch, Sie müssen es jedoch beachten und in Ihre Umsetzung integrieren und überlegen, was Sie beim nächsten Mal besser machen können. Insgesamt bedeutet das, dass eine korrekte Position sehr wichtig für isometrische Übungen ist, da Sie im Muskelgedächtnis Ihres Hundes kein falsches Bild verankern möchten.

- Kleinschrittiges Vorgehen ist wichtig. Grundsätzlich ist es gerade in diesem Bereich sehr wichtig, dass Sie den Hund Stück für Stück an die Übungen heranführen und ihn damit vertraut machen, was Sie von ihm möchten, da die Handlungen im Grunde durchaus manipulativ sind, wenn Sie Ihren Hund anfassen und Druck oder Zug aufbauen. Dies sollten Sie äußerst kleinschrittig aufbauen und den Hund äußerst positiv damit vertraut machen, dass er es in Ordnung und gut findet und weiß, was mit ihm passiert.

- Für isometrisches Training braucht man Ruhe. Dies kann nur funktionieren, wenn Ihr Hund die Umwelt gewohnt ist und sich dort entspannen kann. Ein Hund, der unter Strom und Spannung steht, wie beispielsweise ein Jack Russell Terrier, der gerade ein Jagdobjekt entdeckt hat und von Haus aus schon mit hohem Muskeltonus ausgestattet ist, ist für isometrisches Training nicht zugänglich. Dementsprechend ist es wichtig, dass Sie eine gewisse Ruhe im Training haben und dass Ihr Hund sich zunächst entspannen, in sich hineinhören und dann auch Druck geben kann.

- 3-3-3 Sekunden Regel: Zusätzlich zu einem Ankündigungssignal, mit dessen Hilfe der Hund gesagt bekommt, um was es geht, ist es schön, nicht nur mit reinem Druck oder Zug auf Ihren Hund zuzukommen. Das bedeutet, der Druck wird langsam auf- und abgebaut: Sie bauen den Druck drei Sekunden auf, halten den Druck drei Sekunden, bauen den Druck drei Sekunden ab. Sie kennen vielleicht das Gefühl, wenn Sie in eine Richtung gedrückt und dann plötzlich losgelassen werden. Das ist ein Gefühl von Fallen oder Unsicherheit im Raum. Dies entspricht dem Effekt, den Sie vermeiden wollen und stattdessen Ihrem Hund Sicherheit und Ruhe geben. Dementsprechend ist der Druckaufbau etwas, bei dem Sie Ihren Hund begleiten möchten. Das heißt, Sie bauen den Druck auf, halten den Druck und lassen den Druck nach, bauen ihn also wieder ab.

- Druck / Zug: Hierbei sollten Sie genau beobachten, was passiert. Was macht Ihr Hund, wenn Sie Druck oder Zug aufbauen. Zeigt er einen Ausgleichsschritt, hält er dem Druck stand, findet er das Training unangenehm? Das hilft Ihnen viel und ist enorm wichtig. Tipp: Filmen Sie sich selbst, dabei sehen Sie Dinge, die Ihnen während der Umsetzung entgehen. Hunde kommunizieren ganz fein und sagen dem Menschen viel. Wenn Sie im Training in einer Position hinter Ihrem Hund stehen, bekommen Sie einiges nicht mit. Um das zu analysieren, können Sie Ihr Smartphone verwenden, filmen und nachträglich analysieren, was tatsächlich geschehen ist. Idealerweise kann das Training auch vor dem Spiegel stattfinden. Hier sehen Sie sich selbst und können sich in der jeweiligen Situation korrigieren.

Aufbau einer isometrischen Übung

- Korrekte Position des Hundes
  - Kann aufgebaut werden über:
    - » Eine Plattform
    - » das Bucket Game (s. nächste Seite)
- Annäherung belohnen
- Berührung belohnen
- Schrittweise Druck / Zug aufbauen
- Gegenhalten belohnen (Druck und Gegendruck)
- Ankündigungssignal etablieren
  - Grundsätzliches Ankündigungssignal (z. B. „Iso")
    - » sagt dem Hund, dass er angefasst wird und Gegendruck aufbauen soll
    - » Hunde verstehen das Konzept mit grundsätzlichem Signal gut
  - Spezifisch (z. B. „Schulter")
    - » kann spezifisch über Körpertargets ausgebaut werden, indem die einzelnen Körperteile benannt werden

Korrekte Position

Ihr Hund sollte ausbalanciert und einigermaßen gerade ausgerichtet sein. Seine Position kann „Sitz", „Platz" oder „Steh" sein. Die Position, die Ihr Hund einnimmt, sollte jedoch korrekt sein. Es gibt isometrische Übungen, bei denen es mit der korrekten Position spannend ist, als Beispiel: Wenn Ihr Hund auf dem Rücken liegt, die Pfoten in die Luft streckt und Sie von oben Druck geben (und dem Hund das Signal geben, Gegendruck auszuüben), können Sie die Schultermuskulatur und den kompletten Bereich der Vorhand stärken. In dieser Position ist es schwieriger, aber auch hier gilt: so exakt, ausbalanciert und so physiologisch, wie in diesem Bereich möglich.

Bei der korrekten Position kann auch mit Erhöhungen gearbeitet werden. Als Beispiel: Ein gesunder, fitter Hund ist zum Beispiel aufgrund von gelösten Verspannungen muskulär nicht gut ausbalanciert und die Hinterhand ist nicht gut bemuskelt. Dieser Hund kann vorne einige Zentimeter erhöht gestellt werden und es können an der Hinterhand zusätzlich isometrische Übungen durchgeführt werden. Man gibt dabei Druck auf die rechte oder linke Hüfte oder zieht den kompletten Bereich nach hinten, der Hund muss somit nach vorne gegenhalten. Dies ist eine schöne Übung für älter werdende Hunde, da mit dem Älterwerden ein Muskelschwund einsetzt. Dieser tritt meist vermehrt an der Hinterhand auf, da Hunde prozentual wesentlich weniger Gewicht auf der Hinterhand tragen und diese dementsprechend ein Punkt ist, an dem Muskelaufbau am wenigsten wehtut.

Eine Erhöhung soll dazu dienen, Ihrem Hund eine optische Hilfe zu geben und ihn auf einen Bereich zu bringen, der so groß ist wie er selbst und auf dem er möglichst wenig Spiel hat. Dies sollte zuerst im Stehen stattfinden. Hierfür eignet sich ein Brett oder Dogstepper. Die Dogstepper sollten Sie so zusammenbauen, dass Ihr Hund gut ausbalanciert darauf stehen kann, aber nicht zu viel Platz nach vorne, hinten oder zur Seite hat. Hier können Sie mit ihm die korrekte Position erarbeiten, damit er schön ausbalanciert steht.

Isometrisches Training hat beim stehenden Hund den höchsten Effekt, denn im Stehen muss er am meisten ausbalancieren. Im Platz kann der Hund mehr ausgleichen (z.B. über den aufliegenden Brustkorb). In welcher Position Sie isometrisches Training mit Ihrem Hund umsetzen, ist im Prinzip egal. Wichtig ist, dass die jeweilige Position korrekt ausgeführt wird. Wenn Ihr Hund beispielsweise den Welpensitz zeigt, also die Knie nicht an den Körper anlegt, sondern nach außen zeigen lässt, macht es Sinn, den Hund korrekt sitzen zu lassen.

Bucket Game

Das Bucket Game schließt nicht nur das korrekte Halten einer Position ein, sondern auch eine Kooperationseinwilligung. Es ist eine Übung, bei der Ihr Hund dafür belohnt wird, dass er sich auf einen Behälter („Bucket"), also seine Leckerlischüssel, konzentriert. Eine ausführliche Erklärung zum Bucket Game finden Sie auf S. 120.

Annäherung und Berührung

Es ist sehr wichtig, dass Sie hier besonders langsam und kleinschrittig vorgehen, auch wenn Ihr Hund von Welpe an bei Ihnen ist. Es ist für Hunde etwas anderes, wenn es sich um eine Trainingssituation handelt und Belohnungen mit im Spiel sind. Auch wenn Sie das Gefühl haben, es sei für Ihren Hund unproblematisch, gehen Sie bitte bedächtig vor.

Versuchen Sie, an unproblematischen Stellen zu beginnen. Zum Beispiel Brust, Schulter oder Hüfte. Ungewohnter wären Rücken oder Bauch. Auch die Hüfte kann teilweise schon ungewohnt sein, kann aber auch dabei helfen, die Handlung abzugrenzen, um nicht in normales Kraulen zu rutschen. Hier sollten Sie für sich darauf achten, dass Sie klar festgelegt haben, was Sie möchten und wo Sie beginnen.

Auch bei der Annäherung ist es wichtig, dass Ihr Hund lernt, dass er seine Position hält, egal was um ihn herum gerade passiert. Hier ist ebenfalls das sogenannte „Overtraining“ möglich. Beispielsweise, indem Sie Ihre Hand ganz nach oben nehmen, bevor Sie an die Schulter Ihres Hundes fassen. Diese Bewegung ist bewusst so deutlich ausgeführt, um Ihrem Hund zu zeigen, dass etwas mit der Hand passiert beziehungsweise dass sich Ihre Hand nähert. Das langsame Annähern wird in der Praxis schnell unter den Tisch fallen gelassen und die Hunde sind überfordert. Eine gute Basis, also lieber langsam und gut aufbauen, ist sehr wichtig und Sie haben letztendlich mehr davon.

Berührung und Ankündigungssignal

Die erste Berührung sollten Sie kurz, aber nicht flüchtig durchführen, sodass sich Ihr Hund nicht erschrickt. Die Dauer sollte schrittweise verlängert werden. Nähern Sie sich ganz bewusst an und belohnen Ihren Hund für das Halten der Position, obwohl sich Ihre Hand annähert.

Vor allem, wenn Sie nicht mit dem Bucket Game arbeiten und Ihr Hund die gewünschte Position (Positionssignal) kennt, ist ein Ankündigungssignal umso wichtiger. Beim Bucket Game ist es nicht ganz so wichtig, da es selbst quasi eine Einverständniserklärung ist und Ihr Hund durch den Aufbau lernt, auszuhalten und durch das Abwenden deutlich machen kann, dass er nicht mehr kann.

Beim Positionssignal, z. B. „Platz“, findet nicht immer eine Manipulation statt, daher ist es wichtig, dass Sie Ihrem Hund ein Feedback geben und er die Möglichkeit hat, sich darauf einzustellen.

Wenn Sie die Berührung bereits etablieren konnten, fangen Sie damit an, Stück für Stück ein wenig Druck aufzubauen. Dieses Druckaufbauen machen Sie so minimal, dass Ihr Hund nicht weicht und im Idealfall nicht aus der Position geht. Es kann jedoch durchaus passieren, dass Ihr Hund selbst bei minimalem Druck die Position verlässt. Das ist nicht schlimm, dann starten Sie einfach von vorne und gehen noch vorsichtiger vor.

Wenn Ihr Hund gelernt hat, den Gegendruck ein bisschen zu halten, beginnen Sie, das Ankündigungssignal zu sagen. Das bedeutet, wenn Ihr Hund den Gegendruck hält, sagen Sie zum Beispiel „Iso“. Wenn Ihr Hund das toleriert, können Sie anfangen, das Signal früher zu sagen. Das heißt, Sie sagen Ihr Wortsignal in die Handlung, die der Hund ausführt, hinein und sagen es dann schrittweise immer früher. Somit ist es ist zu Beginn noch kein Ankündigungssignal, sondern ein Begleitsignal, das zum Ankündigungssignal wird. Der Grund dafür ist Folgender: würden Sie zuerst das Signal sagen und Ihren Hund danach berühren, könnten Sie ihn im Zweifel erschrecken und dann eher das Gegenteil von dem etablieren, was Sie eigentlich möchten: einen entspannten Hund, der weiß, was kommt und Gegendruck geben soll. Würde man zu Ihnen etwas auf Japanisch sagen und Sie dann berühren, würden Sie vermutlich eher erschrecken. Hier ist es so, dass der Hund die Übung vorwegnehmen soll beziehungsweise kann. Dies merkt man manchmal auch daran, wenn Hunde sich je nach Handposition dagegen lehnen.

Endsignal

Um die Trainingseinheit eindeutig zu beenden, sollten Sie ein Endsignal etablieren. So könnten Sie zum Beispiel das Wort „Fertig" benutzen und ein paar Leckerlis auf den Boden streuen. Das hat mehrere Effekte: das Schnüffeln am Boden wirkt beruhigend und hilft Ihrem Hund, den Übergang von Arbeitsphase in Ruhephase leichter anzunehmen. Gleichzeitig bewegt sich Ihr Hund noch etwas hin und her und lockert so seine Muskulatur. Weiterhin ist er dann frei, um sich selbstständig zu entfernen und z. B. an spannenden Ecken zu schnüffeln.

Ein Ankündigungssignal informiert den Hund darüber, dass er jetzt angefasst und Druck aufgebaut wird. Das ermöglicht vertrauensvolles Zusammenarbeiten.

Trainingsphysiologie

Die Trainingsphysiologie befasst sich mit funktionellen, d.h. physikalischen und biochemischen Zusammenhängen, die eine Arbeitsleistung im physikalischen oder biomechanischen Sinne ermöglichen. Dabei gibt es veränderbare und unveränderliche Komponenten. So umfasst eine Definition von Fitness das Zusammenspiel der Faktoren Ausdauer, Kraft, Balance und Flexibilität:

- **Ausdauer:**
  erhöht Herz- und Lungeneffizienz
- **Kraft:**
  verbessert Muskelkraft und bewegt den Körper
- **Balance:**
  optimiert Reaktion der Nerven
- **Flexibilität:**
  erhält die Elastizität von Muskelfasern, um sie für die nächste Beanspruchung fit zu halten

➜ Kombination aller Faktoren erhöht die Vernetzung der Körpersysteme
➜ vergrößerte Fitness

Einseitiges Training führt also nicht zu einer erhöhten Fitness. Wichtig sind dabei jedoch verschiedene Trainingsprinzipien:

- **Beanspruchung:**
  Nur wenn der Körper stimuliert wird, mehr zu tun, steigt sein Fitnesslevel.
  - Frequenz: Wie viele Übungen pro Woche?
  - Intensität: Wie viele Wiederholungen pro Einheit?
  - Dauer: Wie lange wird eine Übung pro Einheit trainiert?
- **Zelluläre Adaption:**
  Physiologische Faktoren beim Training, z.B. Leistungsplateaus
- **Progression:**
  Kontinuierliche Anpassung des Trainings an Leistungsstand
- **Spezifität:**
  Trainiere ich das, was ich brauche?
- **Rasseunterschiede:**
  Genetisch verankerte Muskelmasse/fasertypen
- **Gebrauch/Nichtgebrauch:**
  Von nichts kommt nichts ...

Bis auf die Faktoren „zelluläre Adaption" und „Rasseunterschiede" können im Training alle Faktoren beeinflusst werden.

Dabei beschreibt die zelluläre Adaption physiologische Prozesse, die die Zellen auf neue Aufgabe vorbereiten, sie sozusagen „umprogrammieren". Hieraus entsteht ein Zeitbedarf. In der Humantrainingsphysiologie geht man davon aus, dass solche Umbauprozesse 12 Wochen dauern, mit mindestens 48 Stunden zwischen einer Einheit für die gleiche Muskelgruppe. Wenn Sie also die Vorhand Ihres Hundes montags trainieren, sollten Sie am Dienstag einen anderen Bereich ansprechen, bevor Sie sich am Mittwoch wieder an die Vorhand wagen dürfen.

Mit Rasseunterschieden ist gemeint, dass es genetische Unterschiede zwischen Hunden gibt. So haben unterschiedliche Hundetypen unterschiedliche Muskelmassen und sogar -fasertypen. So macht die Muskelmasse eines Greyhounds im Vergleich zum Durchschnittshund 57 % vs. 43 % der Gesamtkörpermasse aus. Auch ist die Muskulatur eines Greyhounds dem Muskelfasertyp 2 zuzuordnen, der für schnelle Sprint bestens geeignet ist.

Was beeinflusst werden kann, sind die Faktoren Beanspruchung, Spezifität und Gebrauch.

- **Beanspruchung:**
  5 Mal 15 Sekunden eine Übung ausführen: Wie verhält sich der Hund? Übung einfacher oder schwerer gestalten

- **Spezifität:**
  Sich vorher bewusstmachen, was trainiert werden soll

- **Gebrauch / Nichtgebrauch:**
  Bereits nach einigen Tagen Inaktivität wird Muskelmasse abgebaut

- **Konzentrisch:**
  Der Muskel überwindet einen Widerstand und wird dadurch kürzer (positiv-dynamisch). Die intramuskuläre Spannung ändert sich und die Muskeln verkürzen sich, wodurch sich Ansatz und Ursprung einander annähern. Z. B. Beugung des Oberarms im Platz-Steh-Wechsel, Bizeps arbeitet konzentrisch

➜ verbessert Durchblutung,
steigert Muskulaturstoffwechsel

- **Exzentrisch:**
  Bei der exzentrischen Muskelarbeit ist der Widerstand größer als die Spannung im Muskel, wodurch dieser gedehnt wird (negativ-dynamisch). Es kommt zu Spannungsänderungen im Muskel, wodurch sich Ansatz und Ursprung entfernen. Diese Form der Muskelarbeit ist am effektivsten, um Muskelkraft aufzubauen. Z. B.: Langsames Absetzen

➜ Kraft, Stabilität

- **Isometrisch:**
  Der Muskel wird durch eine Fixierung an seinem Ursprung und seinem Ansatz in seiner Verkürzung gehindert. Ursprung und Ansatz nennt man die beiden Fixierungspunkte, an denen ein Muskel befestigt ist. Welcher Punkt Ansatz und welcher Ursprung ist, wird dabei oft willkürlich gewählt. So steigt die Spannung bei konstanter Länge an, z. B. Gegenhalten bei Druck.

Muskelarbeit

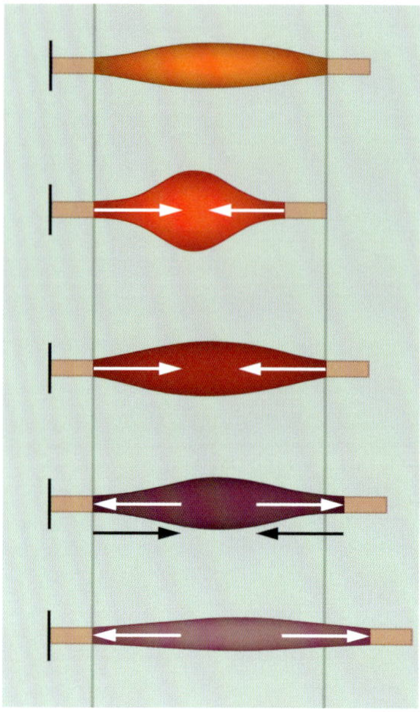

Muskel im Ruhezustand; entspannte Ruhelänge; Ausgangssituation

Angespannter Muskel; konzentrische Kontraktion

Muskelspannung bei der Haltearbeit; isometrische Kontraktion

Bremsarbeit des Muskels; Maximalbeanspruchung; exzentrische Kontraktion

Entspannte Muskeldehnung; der Muskel bleibt passiv, um das Dehnen zu ermöglichen.

Welche Form von Muskelarbeit benötigt man für welche Fitness-komponente?

Vereinfacht dargestellt:

- **Ausdauer:**
  Mischform, eher konzentrisch
- **Kraft:**
  Exzentrisch
- **Balance:**
  Isometrisch
- **Flexibilität:**
  Konzentrisch

Wissenschaftliche Studie

*Die Intensität unterschiedlicher Muskelarbeit kann mithilfe von Messungen nachgewiesen werden: Surface Electromyography of the Vastus Lateralis, Biceps Femoris, and Gluteus Medius in Dogs During Stance, Walking, Trotting, and Selected Therapeutic Exercises u Hannah Mclean*1, Darryl Millis*1, Davi Levine*2*

Unterschiedliche Leistungsarten

Hunde erbringen unterschiedliche Arten von Leistungen, wenn man sich an der Sport- bzw. Trainingsphysiologie orientiert:

Langsame konzentrierte, kognitive Leistung (Such-/Fährtenarbeit)

- Innere Körpertemperatur, Herz- und Atemfrequenz steigen
- Konzentration von Kreatinin und Chlorid im Blutplasma steigt an
- Vermehrte Betätigung der Atemmuskulatur

➜ Fitnesskomponente: Ausdauer

Schnelle Arbeit über kurze Distanzen (Agility, Windhunderennen)

- Sehr schnelle Körpertemperaturerhöhung
- Herzfrequenz steigt bis auf 245 bpm (mehr als das Doppelte vom Ruhepuls)
- Atemfrequenz steigt um bis zu 7-fachen Wert von 140 Atemzügen / Minute.
- Ausschüttung von Stresshormonen
- Vermehrter Sauerstoffverbrauch

➜ Fitnesskomponente: Kraftausdauer, Schnellkraft, Balance

Mittelschnelle Arbeit über sehr lange Distanzen (Jagdhundearbeit, Schlittenhunderennen)

- Erhöhte Körpertemperatur
- Anpassung der Herzleistung (z. B. Erhöhung der Amplitude der P-Zacke und R-Zacke im EKG)

➔ Fitnesskomponente: Ausdauer

Trainingsplan & Trainingsplangestaltung

Ein Trainingsplan ist etwas höchst Individuelles, das immer wieder angepasst werden sollte. Entsprechend der oben genannten Faktoren ist eine körperliche Entwicklung erst nach ca. 12 Wochen abgeschlossen. Der Trainingsplan sollte jedoch nach jeder Trainingseinheit evaluiert werden.

Ein grundsätzlicher Trainingsplan, den alle Certified Canine Fitness Trainer der University of Tennessee für Ihre Kunden befüllen, sieht folgendermaßen aus:

Dabei sind unterschiedliche Fitnessübungen oder Gymnastricks den Kategorien Ausdauer, Flexibilität und Kraft zugeordnet.

Es ist dabei immer wichtig zu beachten, welche Anforderungen an den Hund zusätzlich gestellt werden. So sieht kein Trainingsplan identisch aus und ein solcher sollte immer durch eine Fachperson ausgestellt und adaptiert werden. Das oben beschriebene Beispiel kann also nur als Anhaltspunkt dienen.

	Anfänger	Fortgeschritten	Profi
Ausdauer			
Frequenz	5–7 Tage/Woche	5–7 Tage/Woche	5–7 Tage/Woche
Dauer	1–10 min	10–20 min	>20–30 min
Flexibilität			
Frequenz	5–7 Tage/Woche	5–7 Tage/Woche	5–7 Tage/Woche
Wiederholungen einer Übung	1–3	2–3	3
Sets pro Tag	1	1	1
Dauer pro Set	5–10 s	10–15 s	30 s
Kraft			
Frequenz	2–3 Tage/Woche	3–5 Tage/Woche	3–5 Tage/Woche
Wiederholungen einer Übung	1–5	5–8	6–10
Sets pro Tag	1–2	2–3	3
Übung halten für	5–15 s	15–20 s	20–30 s
Ruhepause nach Übung	30–60 s	15–60 s	5–15 s
Ruhepause nach Set	Bis zu 2 min	30–60 s	0–30 s

2. Grundlagenwissen zum Hundekörper

Neben umfangreichem Wissen zu Trainingsgrundlagen ist es wichtig, sich mit dem Hundekörper zu beschäftigen.

Körperscreening

Um das Training ideal auf Ihren Hund abstimmen zu können, sollten Sie dessen Stärken und Schwächen kennen. So sind bestimmte hundesportliche Übungen für einen Hund mit langem Rücken z. B. schwieriger auszuführen als für einen Hund mit kurzem Rücken. Und bestimmte körperliche Strukturen begünstigen beispielsweise einen Kreuzbandriss. Je genauer Sie Ihren Hund kennen, umso besser können Sie sein Training aufbauen.

Bevor Sie also mit dem Training beginnen, sollten Sie ein mithilfe einer Fachperson ein Körperscreening durchführen. Dieses ist als erste Einschätzung zu verstehen und sollte in regelmäßigen Abständen wiederholt werden, um den Fortschritt Ihres Trainings überprüfen zu können. Fragen Sie eine Physiotherapeutin oder einen Gymnastrickstrainer um Rat, denn es gibt viele Dinge zu beachten:

Hundename:	
Geburtstag / Alter:	
Besitzer:	
Datum des Screenings:	

Hier geht's zum Erklärvideo!

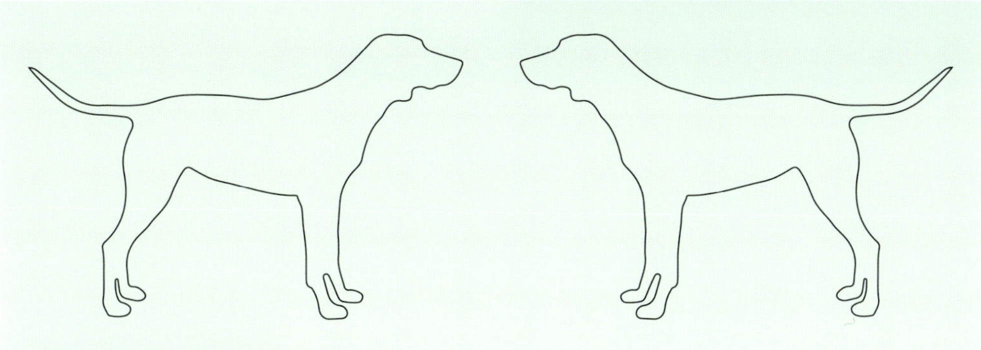

Bekannte Schwächen / Krankheiten:			
Allgemeiner Zustand:			
Kibler Hautfalte: (sanftes, stückchenweises Anheben der Haut am Rücken)		Rasse / Typus:	
Druckpunktpalpation:		Kopfhaltung:	
Stellung Hüfthöcker:		Rückenlinie:	
Stellung Dornfortsätze:		Beckenstellung:	
Muskelstatus:		Rutenhaltung:	
Fitnesstests:		Verhältnis Schulterblatt – Oberarm:	
Verhaltnis BWS – LWS:		Marker:	
Fülle Brustkorb – VGM:		Handtarget:	
Tiefe Brustkorb – Ellenbogen:		Kinntarget:	
Vordergliedmaße im Lot:		Vorderpfotentarget:	
Hintergliedmaße im Lot:		Hinterpfotentarget:	

Buchtipp: *Welpenanalyse, Eva Holderegger Walser und Doris Walder*

Ist-Stand, Erfolgskontrolle

Heutzutage ist es sehr einfach, das Training zu dokumentieren. Filmen Sie idealerweise jedes Training. Notieren Sie sich, ab wann Ihr Hund Ermüdungserscheinungen zeigt, falls Sie dies nicht absehen konnten. Welche Ausführung der Übungen gefällt Ihnen am besten? Notieren Sie sich alle Details und optimieren Ihr nächstes Training entsprechend.

Ein Laufband, das die Gewichtsverteilung im Laufen misst, ist momentan der Goldstandard. Die Firma Zebris bietet hierfür das Canid Gait Laufband, das die Gewichtsverteilung nicht nur im Stehen, sondern auch im Laufen darstellen kann. Dies ist insbesondere spannend für Sporthunde oder Hunde in der Rekonvaleszenz.

Es gibt heutzutage tolle Trainingstagebücher zu kaufen, allerdings gibt es auch hilfreiche Apps oder eigene Listen.

Wer es genauer mag: innerhalb des Certified Canine Fitness Trainer Programms der University of Tennessee wird vorgeschlagen, mithilfe eines Maßbandes regelmäßig den Muskelumfang zu messen und zu protokollieren.

Für Technik-Fans gibt es grandiose Hilfsmittel: Der Stance Analyser misst beispielsweise die Gewichtsverteilung auf allen vier Pfoten, woraus man Rückschlüsse für das Training ziehen kann. Bei Hunden bis ca. 20 kg können Sie sich selbst mit vier Küchen- oder Briefwaagen behelfen.

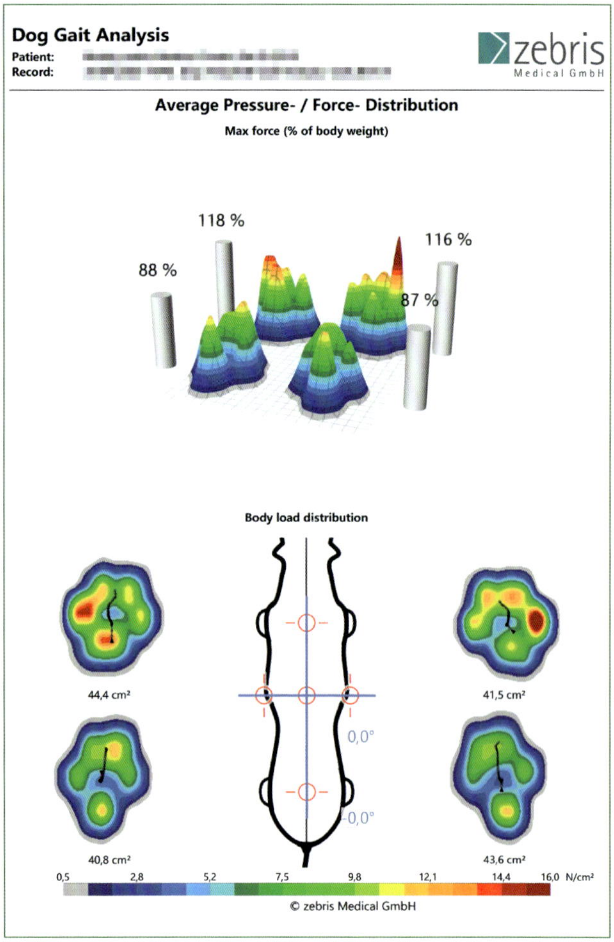

Hier sehen Sie die Gewichtsverteilung eines Hundes auf seine vier Pfoten. Messung durchgeführt auf einem Zebris Canid Gait Laufband.

Schmerz und Training?

Als Laie sollten Sie niemals mit einem Hund trainieren, der Schmerz empfindet. Schmerz zeigt sich z.B. durch Züngeln, Kopfabwenden, Weglaufen, Augenblinzeln, veränderte Körperhaltung und vieles mehr. Als Fachperson kann es ggf. nötig sein, eine Übung trotz Schmerzhaftigkeit abzufragen, hier sollte immer eine Kosten-Nutzen-Rechnung erfolgen.

Hunden wird, wie Menschen, zugestanden, dass Sie ein sogenanntes Schmerzgedächtnis haben. Dies bedeutet, dass schmerzhafte Erfahrungen vom Gehirn abgespeichert werden. Diese subjektiven Schmerzen können als stärker empfunden werden, obwohl die Schmerzintensität gleichbleibend oder sogar abnehmend ist.

Dabei wird sich ein Schmerz, der längerfristig vorhanden ist, eher im Gehirn manifestieren als ein kurzer, punktueller Schmerz. Schmerzmittel sollten nicht beliebig werden, es ist aber absolut legitim, einem Hund ein Schmerzmittel zu geben, damit diese Manifestation der Schmerzen nicht zustande kommt. Nebenwirkungen können immer auftreten, diese sind abzuwägen gegen die Schmerzen oder aber auch mit weiteren Präparaten zu behandeln. Die Absprache mit dem Tierarzt ist in diesen Fällen unumgänglich, besonders, wenn es um eine längerfristige Schmerzmedikation geht. Auch über Nebenwirkungen sollten regelmäßig gesprochen werden.

Buchtipp zum Thema Schmerz: *Dr. med. vet. Patrick Blättler-Monnier & Katrien Lismont, Schmerzen und Verhalten. Zusammenhänge beim Hund verstehen. Kynos Verlag*

TEIL II

INDIKATIONEN

WELCHE ÜBUNG WANN?

1. Krankheiten

Dieser Teil des Buches beschäftigt sich mit unterschiedlichen Krankheitsbildern und welche Übungen dafür jeweils angezeigt sind. Hier gilt ganz besonders, dass eine enge Abstimmung mit Tierarzt und Tierphysiotherapeut wichtig ist. Eine individuelle Anpassung der Übungen ist dabei immer notwendig.

Sie finden zunächst eine Übersicht, welche Übungen für welche Krankheitsbilder sinnvoll sind, darauf folgend Erklärungen zu den einzelnen Krankheitsbildern und in Teil III detaillierte Infos dazu, wie Sie die entsprechenden Gymnastricks trainieren können.

Krankheiten	Prehab & Rehab
Arthrose	langsame, kontrollierte Gymnastricks, Cavaletti (Schrittverlängerung), Cavaletti (Koordination), Isometrische Übungen
Bandscheibenvorfall (BSV)	Isometrische Übungen, Ipsilateraler Stand, Cavaletti (Schrittverlängerung), Cavaletti (Koordination), Rückwärts runter, Platz und Langmachen
Bizepssehnenverletzung	Pfote geben (zunächst im Sitzen, dann im Stehen) Ipsilateraler Stand, Isometrie, Gewichtsverlagerung
Cauda Equina Compressions Syndrom (CECS)	Platz und Langmachen, Bewusstes Steh, Gewichtsverlagerung, Korrekte Platz-Steh-Wechsel, Cavaletti (Koordination)
Durchtrittigkeit (Hyperextensionssyndrom)	Pfoten-Bias, Baggern, ggf. Buddeln
Kreuzbandriss	Korrekte Grundpositionen, Isometrische Übungen, Gewichtsverlagerung, Cavaletti (Koordination), Cavaletti (Schrittverlängerung),
Ellenbogendysplasie (ED)	Tipp-Tapp, Gewichtsverlagerung
Hüftgelenksdysplasie (HD)	Bewusstes Stehen, Tipp-Tapp, Positionswechsel, Cavaletti (Schrittverlängerung), Cavaletti (Koordination), Elefantentrick
Neurologische Probleme	Feet Puzzle, 4 Pfoten einsortieren, Isometrische Übungen, Ipsilateraler Stand, Cavaletti (Koordination)
OCD	Cavaletti (Koordination), Tipp-Tapp, Isometrisches Training
Patellaluxation	Gewichtsverlagerung, Positionswechsel, Hinterpfote anheben
Spondylose	Über Peanutball hängen, Gewichtsverlagerung, Isometrische Übungen, Cavaletti (Koordination)

Arthrose

"Wer rastet, der rostet" – dieses Sprichwort gilt auch für Hunde mit Arthrose. Wichtig ist es dabei, darauf zu achten, dass die Bewegung kontrolliert stattfindet und auf geeignetem Untergrund. Arthrotische Veränderungen können in jedem Gelenk auftreten und abhängig vom Ort des Auftretens sind die betroffenen Hunde entsprechend unterschiedlich empfindlich. Eine enge Zusammenarbeit mit Tierphysiotherapeut und Tierärztin ist daher wichtig.

Typische Anzeichen einer Arthrose sind Anlaufschmerz, Lahmheiten sowie Bewegungseinschränkungen. Insbesondere Übergewicht sollte – wie bei allen orthopädischen Erkrankungen – absolut vermieden werden.

Zu empfehlende Übungen bei Arthrose sind isometrische Übungen und Cavalettitraining im Schritt und – je nach Grad der Arthrose – im Trab.

Gesundes Knie:

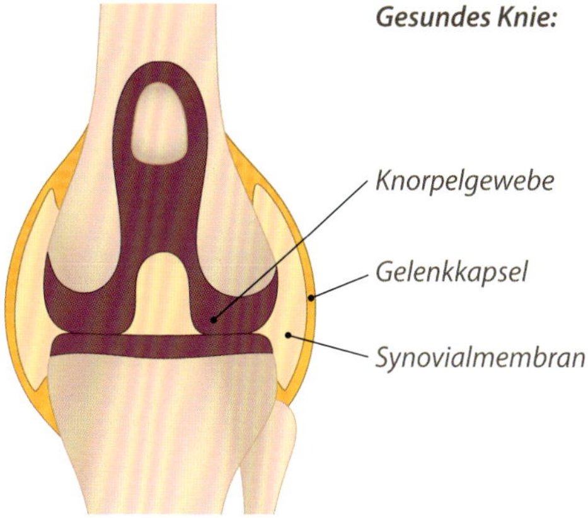

Arthrose:

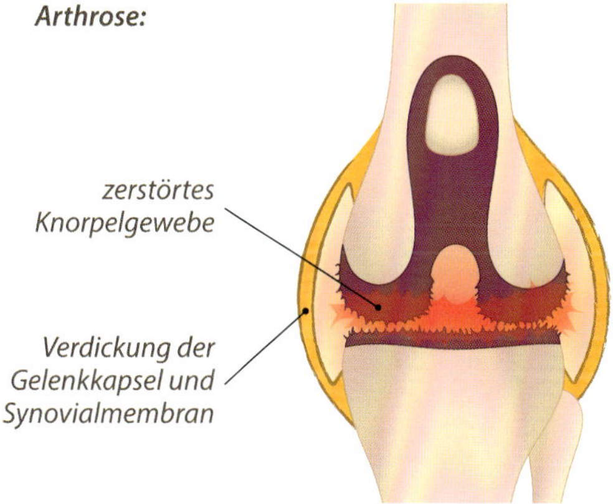

Verschiedene Cavaletti-Figuren

Für die folgenden Ideen sollte Ihr Hund schon mit dem Übersteigen von Cavaletti vertraut sein. Einige erfordern ein Führen Ihrerseits, andere kann Ihr Hund auch selbstständig abarbeiten.

- Stangenmikado
- Treppenform
- Sternform
- Liegende Acht über Stange
- Unterschiedliche Abstände
- Quadrat
- Hoch / tief

Bandscheibenvorfall (BSV)

Was ist ein Bandscheibenvorfall?

Um zu verstehen, was ein Bandscheibenvorfall (BSV) ist, muss man sich den Aufbau der Bandscheibe bewusst machen. Hierzu ist es wichtig, zunächst das Rückenmark zu betrachten. Das Rückenmark ist eines der wichtigsten und empfindlichsten Organsysteme des Körpers, denn ohne ein funktionstüchtiges Rückenmark funktioniert der Körper nicht richtig. Dies wird vor allem bei querschnittsgelähmten Hunden deutlich, die in den Bewegungen stark eingeschränkt sind, da die Nerven nicht mehr alle Bereiche im Körper erreichen, weil sie abgetrennt oder abgedrückt wurden. Verletzungen des Rückenmarks führen in der Regel zu dauerhaften, irreversiblen Schäden. Um es vor Schäden zu schützen, verläuft das Rückenmark durch einen knöchernen Kanal innerhalb der Wirbelsäule (Spinalkanal) und ist überall von schützendem Knochen umgeben, außer an den Verbindungsstellen der Wirbel, um die Beweglichkeit der Wirbelsäule zu gewährleisten.

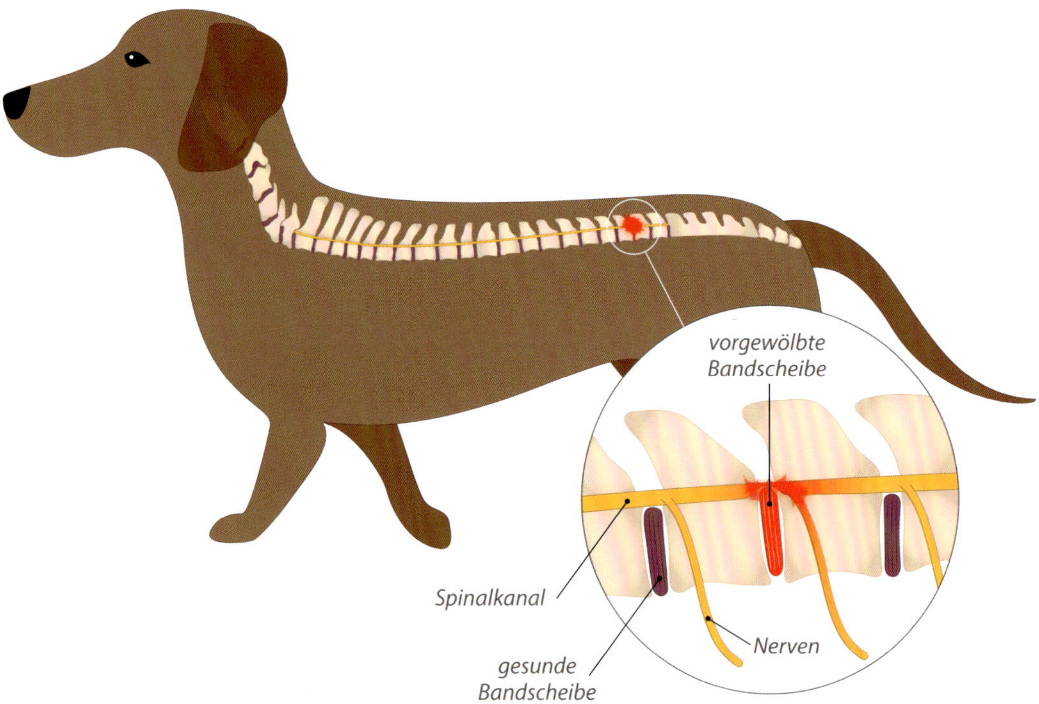

Die Übergänge zwischen Wirbeln sind gummiartige Gallert-Polster, die Bandscheiben. Diese sorgen dafür, dass die Wirbel nicht schmerzhaft aneinander reiben und ermöglichen die Bewegung in der Wirbelsäule.

Die einzelnen Wirbel und Bandscheiben ermöglichen es dem Rücken, sich auf und ab und seitwärts zu bewegen, ohne dass es zu einem Kontakt zwischen den Knochen der Wirbelsäule kommt.

Was passiert nun bei einem Bandscheibenvorfall? Bei einem Bandscheibenvorfall beim Hund wird die Bandscheibe nach oben gedrückt. Auf Englisch heißt der Bandscheibenvorfall *Intervertebral disc disease (IVDD)*. Entsprechend des englischen Namens „disease" ist beim Bandscheibenvorfall nicht nur die Bandscheibe an sich betroffen, sondern auch die umliegenden beiden Wirbel, der Spinalkanal und die Nerven. Die Bandscheibe drückt sich zwischen den Wirbeln hervor und drückt in und auf den Spinalkanal und damit auf die Nerven. Durch diesen Prolaps (Vorfall) der Bandscheibe und die daraus resultierende Kompression entstehen die Schmerzen und Komplikationen des Bandscheibenvorfalls.

Was muss geklärt sein?

Gegen einen Bandscheibenvorfall kann vorbeugend etwas getan werden – das entspräche der Prehab – bzw. nach einem Bandscheibenvorfall – also in der Rehab – die umgebenden Strukturen aufgefangen werden.

„Prehab" – Das Wort stammt aus Amerika und bildet sich aus den beiden Worten *pre = vor* und *rehab = Reha* und bedeutet nichts anderes als das man versucht, durch gezieltes Training einen Bandscheibenvorfall erst gar nicht entstehen zu lassen. Sozusagen als Vorsorge für Hunde mit großer Disposition (sog. chondrodystrophe Rassen, z.B. Corgi, Dackel, Beagle, Basset etc.), Rassen mit sehr kurzen Beinen und/oder sehr langem Rücken. Die sogenannte Dackellähme ist nichts anderes als ein Bandscheibenvorfall. Natür-

Exkurs

Chondrodystrophie bedeutet Zwergwüchsigkeit. Chondrodystrophe Rassen haben ein Gen, das die Zwergwüchsigkeit forciert und diese auslöst. Ein Dackel hat somit keinen langen Rücken, sondern sehr kurze Beine. Das klingt zunächst merkwürdig und man könnte annehmen, dass dies dasselbe sei, doch es spielt in der Entwicklung eine Rolle. Man kann davon ausgehen, dass das chondrodystrophe Gen in allen sehr kleinen und langen Hunderassen verbreitet ist. Das Gen sorgt dafür, dass die Qualität der Bandscheibe schlechter und diese entsprechend anfälliger für Probleme ist.

lich kann die Prehab keine Wunder vollbringen Wirbelanomalien, wie Keilwirbel, wie sie beispielsweise bei Französischen Bulldoggen häufig vorkommen, können natürlich nicht durch Training verändert werden.

Die später dargestellten Übungen sind also nicht nur für die Rehabilitation geeignet, sondern eignen sich auch für die Prävention von Bandscheibenvorfällen. Es ist jedoch zu erwähnen, dass Fahrlässigkeit bzw. zu intensives Training einen Bandscheibenvorfall auch (erneut) auslösen kann.

„Rehab" bedeutet, dass nach erfolgter Operation und Freigabe durch den Tierarzt bzw. nach konventioneller Schonung, Schmerztherapie und Freigabe durch den Tierarzt mit dem Training begonnen werden kann. Bei einem akuten Bandscheibenvorfall wird *nicht* aktiv mit dem Hund trainiert. Denn wenn der Hund Schmerzen hat, ist ein Training absolut kontraindiziert. Zunächst sollte der Hund einem Tierarzt vorgestellt werden, Schmerzmittel erhalten und den Bandscheibenvorfall in Ruhe auskurieren können. Vor allem, wenn man sich für eine konventionelle Behandlung ohne Operation entscheidet. Denn es gibt verschiedene Arten, mit einem Bandscheibenvorfall umzugehen, was immer vom Grad des Vorfalls und individuell vom Hund selbst abhängt. Das heißt, es ist sehr wichtig, hier nicht einfach zu trainieren, sondern sich an die Anweisungen des Tierarztes zu halten. Vor allem bei konventioneller Behandlung ist Schonung absolut wichtig.

Je nach Schweregrad des Bandscheibenvorfalls, nach Operationsmethode, Erfahrung des Chirurgs etc. ist es so, dass manche Hunde gelähmt in den OP gefahren werden und direkt nach dem Eingriff eigentlich schon wieder laufen können. Dazu ist wichtig zu wissen, dass in Deutschland zunächst trotzdem eine Schonzeit etabliert wird und der Hund auch medikamentös weiter unterstützt wird, da je nach Operation die Veränderungen im Körper durch Extraktion von Wirbelteilen sehr groß sein kann. In Amerika hingegen beginnt die Reha mit Trocken- oder Unterwasserlaufband schon zwei bis drei Tage nach der Operation, in Deutschland oft erst mehrere Wochen danach. Gerade aus dem Humanbereich weiß man, dass eine gezielte Bewegung auch die Wundheilung fördert und das entsprechende Gangbild schneller wiederhergestellt wird. Gehen Sie hierzu also in direkten Austausch mit den behandelnden Fachleuten.

Hinweis

Wenn die nach einer Operation anschließende Physiotherapie vom Tierarzt verordnet wird, übernehmen diese viele OP-Versicherungen.

Worauf ist zu achten?

Auf den Ort des Bandscheibenvorfalls:

- Halswirbelsäule
- Brustwirbelsäule
- Lendenwirbelsäule

Da ein Bandscheibenvorfall in der gesamten Wirbelsäule vorkommen kann, ist es wichtig, beim Training darauf zu achten, wo der entsprechende BSV beim Hund sitzt oder wo dieser entsprechend vulnerabel ist, man also besonders achtgeben sollte. Das bedeutet eben auch für Alltag und Training, dass auf bestimmte Dinge geachtet werden muss.

Was soll bezweckt werden? Und welche Annahmen stecken hinter dem Training?

- Druck auf den Spinalkanal sollte vermieden werden.
  - Kein Nach-oben-Schauen, denn durch das Schauen nach oben wird der Hals überstreckt und der Druck in der Hals- und der Brustwirbelsäule wird sehr groß.
  - Wirbelsäule im Idealfall auf einer Ebene, kein Abknicken. Das bedeutet nicht, dass der Hund sich nicht mehr seitlich bewegen darf, sondern es geht rein um die Bewegung nach oben (zum Beispiel durch das Heben des Kopfes).
- „Öffnen" der Wirbelkörper schafft Platz für die Bandscheiben
  - Langmachen des Rückens

Übungen

Nachdem es zunächst vor allem darum ging, worauf man achten muss, was im Alltag wichtig ist und was auch im Training berücksichtigt werden muss, werden im Folgenden konkrete Übungen bzw. Gymnastricks empfohlen. Diese stellen Ideen für das Training dar und sind als nicht abschließend zu verstehen. Natürlich gibt es auch weitere Übungen, die sich eignen, hier aber nicht aufgeführt werden. Die vorgestellten Übungen sollen einen Überblick über verschiedene Schwerpunkte bieten, die auch in unterschiedlichen Trainingszuständen ausgeführt werden können. Deshalb hier ein paar Übungen (siehe Teil III), die für jeden das Passende bieten:

- Isometrische Übungen: Rückenstärkung
- Ipsilateraler Stand: Rückenstärkung & Haltemuskulatur
- Cavalettitraining: Rückenstärkung
- Rückwärtslaufen von etwas hinunter: Hinterhand-Koordination
- Nach vorne ziehen: Rücken lang machen, Entspannung
- Wippen: Flexibilität und Stärkung des Rückens

Es ist dabei immer wichtig, darauf zu achten, was der Hund individuell an Unterstützung benötigt, wo die Beschwerden liegen und wie dies ideal für den entsprechenden Einzelfall umgesetzt werden kann.

Bizepssehnenverletzung

Zu den am häufigsten auftretenden Schultererkrankungen bei Hunden zählt die Erkrankung der Bizepssehne. Sie ist der dritthäufigste Grund für Schultergelenkslahmheiten nach Osteochondrosis dissecans und Schulterinstabilität. Bei der Diagnose dieser Erkrankung sind die Weichteilstrukturen wie Sehnen, Bänder und Muskeln von großer Bedeutung, da sie für die Stabilität des Schultergelenks entscheidend sind. Obwohl die Bizepssehne nicht so wichtig für die Stabilität des Gelenkes ist, ist sie Teil der anatomischen Struktur des Gelenks und kann daher auch von Entzündungen in der Gelenkkapsel betroffen sein.

Gymnastricks (s. Teil III):

- **Pfote geben (zunächst im Sitzen, dann im Stehen)**
- **Ipsilateraler Stand**

Es sind insbesondere Hunde betroffen, die starken Belastungen im Hundesport unterliegen. Zudem haben große und besonders aktive Hunde im mittleren Alter eine Neigung zur Krankheit.

Bei einer Bizepssehnenverletzung ist eine Überlastung absolut zu vermeiden. Geeignete Übungen sind Übungen zur Stärkung der Vorderhand, die kontrolliert umgesetzt werden können. Tipp-Tapp zählt dazu, Buddeln nicht. Sehnenverletzungen sind sehr langwierig und es ist absolut notwendig, sich eng an die Vorgaben von Tierarzt und Tierphysio zu halten.

Aufbau Schultergelenk:

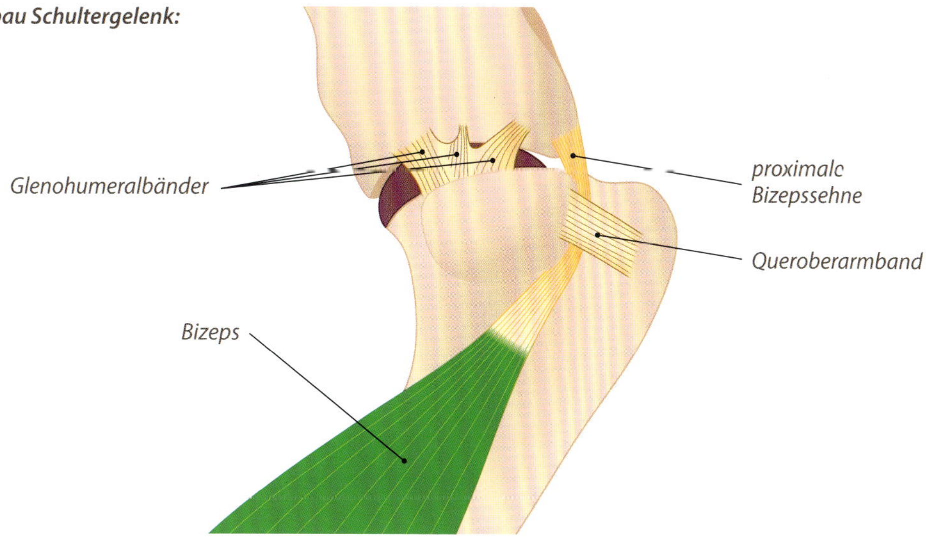

Cauda-Equina-Kompressions-Syndrom (CECS)

Umgangssprachlich wird das Cauda-Equina-Kompressions-Syndrom (CECS) gerne nur „Cauda Equina“ genannt. Cauda Equina an sich bezeichnet lediglich einen Bereich im Körper. „Cauda“ bedeutet Schwanz bzw. Schweif und „Equina“ bezeichnet das Pferd. „Cauda Equina“ bedeute daher eigentlich nur „Schwanz des Pferdes“ wobei caudal als Richtungsangabe in der Tiermedizin fungiert und so viel wie „schwanzwärts“ oder „in Richtung Schwanz“ bedeutet.

Die problematische Stelle des CECS liegt am Übergang der Lendenwirbelsäule zum Kreuz-Darm-Bein, also im Bereich zwischen den Beckenknochen. Die häufigste Ursache bei großen, mittelalten bis alten Hunden für das CECS ist eine degenerative lumbosakrale Stenose (DLSS), also eine Kompression am Übergang der Lendenwirbelsäule zum Kreuzbein. Hierbei werden der Spinalkanal und die darin verlaufenden Nervenstränge komprimiert. Das CECS ist in der Medizin als neurologisches Problem definiert, da die Problematik in der Kompression der Neven liegt, zeig aber orthopädische Auswirkungen.

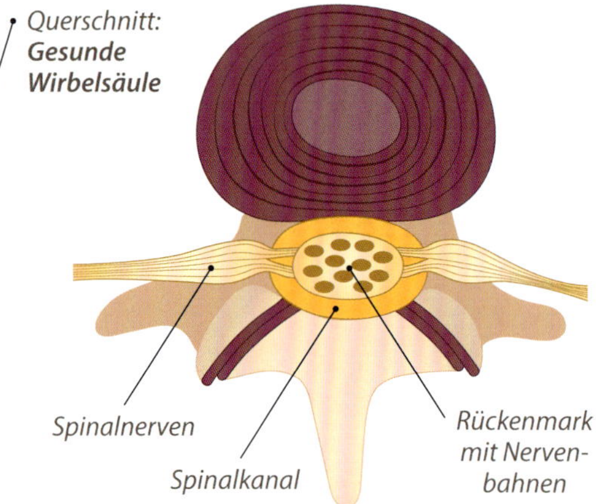

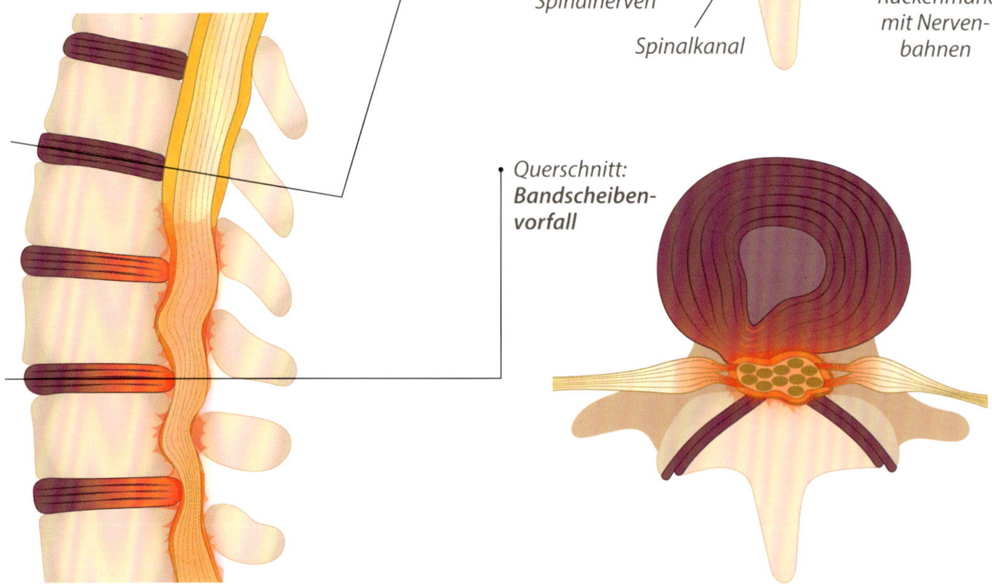

An den letzten beiden Lendenwirbeln des Hundes endet das Rückenmark und viele Nerven treten aus. Die austretenden Nervenwurzeln sehen aus wie ein Pferdeschweif, weil die Wirbelsäule und das Rückenmark unterschiedlich schnell wachsen. Und dies ist eben am Ende der Lendenwirbelsäule gegeben. Durch die leicht hervortretende Bandscheibe an dieser Stelle wird der Spinalkanal zusammengedrückt. Dieser dauerhafte Druck auf die Nerven sorgt für einen dauerhaften starken Schmerz für den Hund.

Hunde mit Cauda-Equina-Kompressions-Syndrom haben Schmerzen beim Springen, Treppensteigen oder Aufstehen. Oft verweigern sie es, ins Auto oder aus dem Auto zu springen, wobei der Druck beim Reinspringen größer und damit schmerzhafter ist als beim Hinausspringen. Aus diesen Gründen ist auch eine eingeschränkte Beweglichkeit der Rute gegeben. Um ein Cauda-Equina-Kompressions-Syndrom tierärztlich zu testen, wird daher die Rute angehoben, worauf der Hund natürlich deutliche Schmerzanzeichen zeigt, da dies extreme Schmerzen verursacht. Die Hunde zeigen oft Lahmheiten in der Hinterhand, schleifen die Krallen oder Überköten, wobei die ganze Pfote hinterhergezogen wird und kein neurologischer Stellreflex gegeben ist.

Oft entsteht auch eine Atrophie, also Muskelschwund in der Hinterhand, die durch die geringere Nutzung der Hinterläufe bedingt ist. Das Durchschnittsalter bei Vorstellung eines Cauda-Equina-Kompressions-Syndroms liegt bei sieben Jahren, wobei männliche Tiere häufiger betroffen sind. Der Grund dazu ist noch nicht geklärt. Es besteht eine Prädisposition für den Deutschen Schäferhund. Andere Rassen sind auch betroffen, werden aber nicht explizit genannt. Am häufigsten trifft das CECS große, massige, sportliche Rassen.

Ursachen des CECS

- Der häufigste Auslöser für das Cauda-Equina-Kompressions-Syndrom ist der Bandscheibenvorfall, da durch den Prolaps der Bandscheibe noch weniger Platz gegeben ist.
- Trauma (Quetschungen)
- Veränderungen an der Wirbelsäule wie zum Beispiel bei Spondylose

Gangbild

Hunde mit einem Cauda-Equina-Kompressions-Syndrom zeigen oft extrem verkürzte Schritt, entlasten eine Körperhälfte, zeigen ein Nicken mit dem Kopf oder dem ganzen Körper. Die Rute wird nicht mehr oder nur einseitig bewegt. Der Kopf hängt häufig nach unten, um die Hinterhand zu entlasten und der Rücken wölbt sich nach oben.

Übungen

Hier ist es immer wichtig zu hinterfragen: Was ist das Ziel des Trainings?

- Vorhandene Rückenmuskulatur stärken

Die Rückenmuskulatur liegt direkt über der Cauda Equina. Wird diese nun nicht erhalten, sondern verfällt und erschlafft, so drückt die Muskulatur zusätzlich auf die schmerzende Stelle. Deshalb ist es wichtig, dass die Muskulatur gefördert und erhalten bleibt, damit diese ein schützendes Korsett über dem CECS bildet und damit auch dem Spinalkanal Platz lässt

- Vorhandene Rückenmuskulatur entspannen

Das klingt zunächst zwar wie ein Gegensatz, doch Hunde mit CECS verspannen sich sehr stark, um mehr Stabilität im lumbosakralen Bereich zu schaffen. Diese Spannung und der damit verbundene Schutzmechanismus soll den Hunden auch keinesfalls genommen werden. Doch auch diese Muskulatur muss „durchatmen" können. Ansonsten kommen zusätzlich zum Cauda-Equina-Kompressions-Syndrom noch Muskelverhärtungen etc. hinzu

- Kein weiterer Druck von außen auf den Cauda Equina Bereich.

Das ist in der Realität ziemlich schwierig, da Druck schnell entsteht. So sollten CECS-Hunde beispielsweise über eine Rampe ins Auto gelangen.

Gymnastricks (s. Teil III):

- **Platz und Langmachen**
- **Bewusstes Steh**
- **Gewichtsverlagerung**
- **Korrekte Platz-Steh-Wechsel**
- **Cavaletti (Koordination)**

Durchtrittigkeit (Hyperextensionssyndrom)

Sowohl im Karpalgelenk (Vorderfußwurzelgelenk), als auch im Tarsalgelenk (Hinterfußwurzelgelenk bzw. Sprunggelenk) kann das Hyperextensionssyndrom – auch bekannt als Durchtrittigkeit – auftreten. Ein Hyperextensionssyndrom äußert sich durch eine Verringerung des Winkels der Gelenke auf der Vorderseite des Karpus. Die Hyperextension im Gelenk kann auch durch Endokrinopathien (Hormonstörungen) verursacht werden, da dies auch zu einer Schädigung der Bandstrukturen führen kann. Zu diesen gehört unter anderem der Hyperadrenokortizismus oder das Cushing-Syndrom. Es ist auch möglich, dass Welpen an einem Hyperextensionssyndrom leiden.

Gymnastricks (s. Teil III):

- **Baggern**
- **Buddeln**
- **Pfoten-Bias**

Gesundes Gelenk:

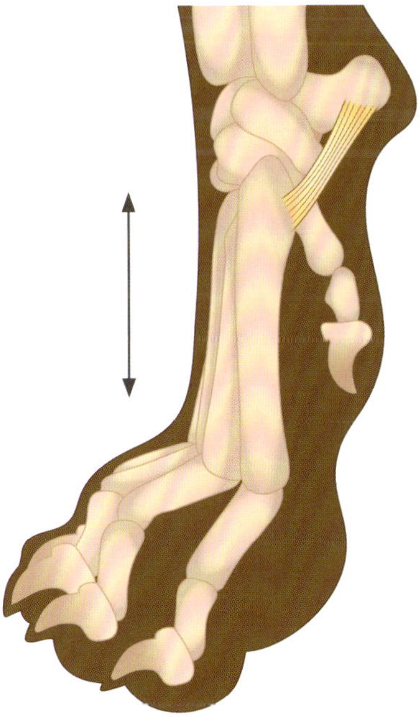

Gelenk mit Hyperextensionssyndrom:

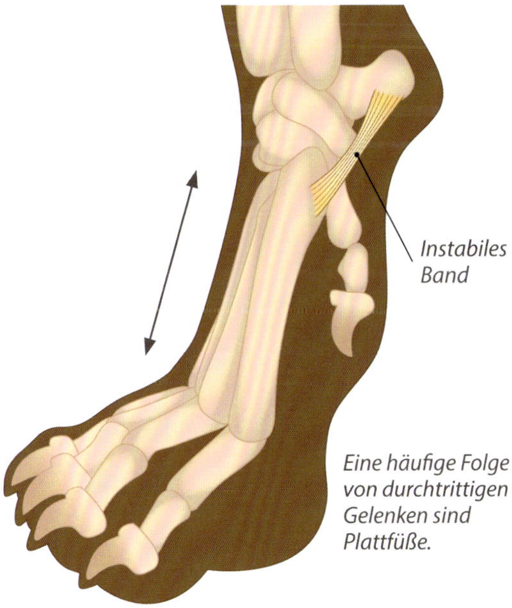

Kreuzbandriss

Die häufigste Ursache für die Lahmheit der Hintergliedmaße bei erwachsenen Hunden ist ein Riss des vorderen Kreuzbandes, möglicherweise in Verbindung mit einer Meniskusverletzung. Kniegelenksinstabilität und Arthrose werden durch Kreuzbandrisse verursacht. Im Gegensatz zum Menschen ist der vordere Kreuzbandriss bei Hunden in der Regel eine chronisch-degenerative Erkrankung und nicht das Ergebnis eines akuten Traumas.

Gymnastricks (s. Teil III):

Anfänger:

- Korrektes Stehen
- Korrektes Sitzen (sich selbst korrigieren)
- Isometrische Übungen

Fortgeschritten:

- Positionswechsel
- Gewichtsverlagerung
- Cavaletti
- Rückwärtsgehen

Intakte Kreuzbänder:

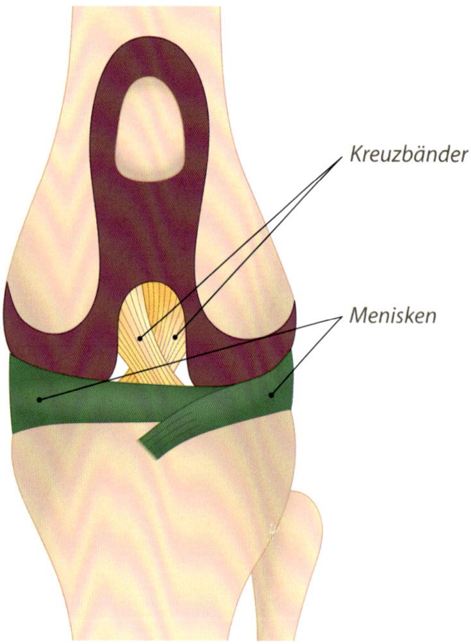

Kreuzbandriss:

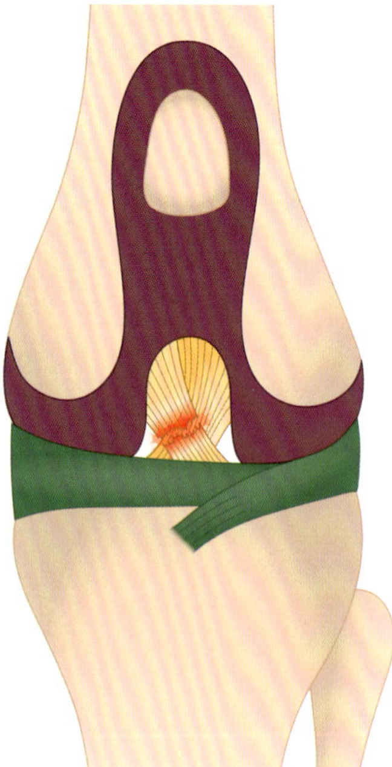

Prehab

Mit „Prehab" sind Übungen gemeint, die sich dafür eignen, Hunde, die als Risikopatienten für einen Kreuzbandriss gelten, muskulär zu unterstützen. Somit kann versucht werden, den Kreuzbandriss hinauszuzögern. Korrekte Sitz-/Steh-/Platzpositionen sind essenziell, denn das sogenannte Welpensitz oder auch „Sloppy Sit" verursacht Zug auf das craniale Kreuzband, was unbedingt zu vermeiden ist. Ferner sollten Sie auf den Muskeltonus des Quadriceps achten. Auch die Hüfte in Kombination mit dem Knie ist hierbei wichtig, ein ausgedrehtes Knie ist zu vermeiden. Es erfordert jedoch 4 – 5 Monate regelmäßiges Training, bis Dysbalancen ausgeglichen sind und die Prehab greifen kann. Dabei ist zu sagen, dass die Effizienz des Trainings bisher nicht wissenschaftlich nachgewiesen konnte, sondern nur auf Erfahrungswerten beruht. Sollte jedoch eine OP nötig werden, sind die Übungen nicht von Nachteil, im Gegenteil, Sie können gleich wieder dort ansetzen, wo Sie in der Prehab aufgehört haben.

Ellenbogendysplasie (ED)

Zu den häufigsten orthopädischen Erkrankungen bei Hunden zählt die Ellbogengelenkdysplasie (ED). Diese Bezeichnung bezieht sich auf eine Gelenkerkrankung, die sich im Laufe der Zeit verschlimmert und zu Ungleichgewichten und Instabilität im Ellbogengelenk, genauer gesagt im Bereich der Gelenkflächen der beteiligten Knochen führt. Eine Fehlbildung der Strukturen, die am Ellbogengelenk beteiligt sind, wird als Dysplasie bezeichnet. Die Krankheit wird hauptsächlich durch genetische Faktoren verursacht, aber es gibt auch viele andere Faktoren, die zur Entstehung und zum Verlauf der Krankheit beitragen können, wie z.B. zu schnelles Wachstum durch zu langes Füttern energiereicher Welpenfutter, Fettleibigkeit, häufige Überlastung, hormonelle Einflüsse usw. Die Krankheit tritt während der Entwicklung des jungen Hundes auf und kann auch in jungen Jahren zu Lahmheit in den Vordergliedmaßen führen.

Gymnastricks (s. Teil III):

- **Tipp-Tapp**
- **Gewichtsverlagerung**

Sinnvolle Übungen sind solche, die die Vorderhand kontrolliert aktivieren und gleichzeitig eher Gewicht auf die Hinterhand verlagern. Buddeln ist z.B. kontraproduktiv, da Sie die Intensität nicht steuern können.

Gesundes Ellenbogengelenk: *Ellenbogendysplasie:*

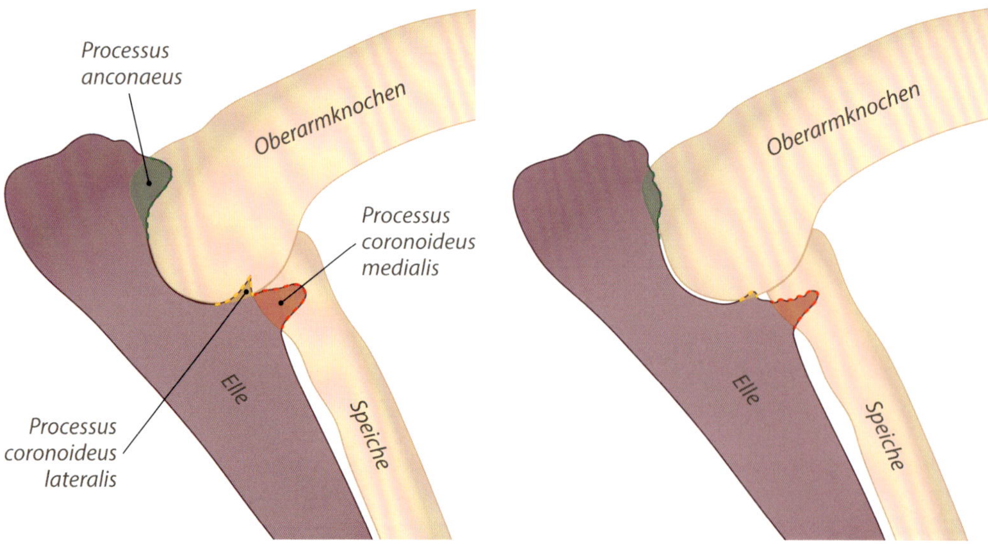

Ist einer oder mehrerer der Knochenfortsätze (Processi) der Elle fehlgebildet oder abgesplittert, sitzt der Gelenkkopf des Oberamknochens nicht mehr fest in der Gelenkpfanne und man spricht von einer Dysplasie.

Hüftgelenksdysplasie (HD)

Die häufigsten orthopädischen Erkrankungen bei Hunden sind Hüftgelenksdysplasie und Ellbogengelenksdysplasie. Es gibt eine Veränderung in der Verbindung zwischen der Beckenpfanne und dem Oberschenkelkopf, die unter anderem durch Instabilität manifestiert wird. Ebenso wie bei ED hat auch Hüftgelenksdysplasie einen genetischen Ursprung. Es ist nicht notwendig, dass diese genetische Veranlagung zu einer Dysplasie führt; stattdessen müssen verschiedene äußere Umweltfaktoren hinzukommen, damit die Dysplasie symptomatisch wird. Die Hüftgelenke der Hunde, die gezüchtet werden sollen, sollten röntgenologisch untersucht werden, da es möglich ist, dass eine HD auf die nächste Generation vererbt wird. Es können verschiedene Situationen als Ausgangspunkt auftreten. Beispielsweise können die Knochenanteile des Hüftgelenks fehlerhaft konstruiert sein oder die Knochenanteile können erst im Laufe des Wachstums fehlerhaft entwickelt werden.

Gymnastricks (s. Teil III):

- **Bewusstes Stehen**
- **Isometrische Übungen**
- **Tipp-Tapp im Stehen**
- **Positionswechsel Sitz-Steh-Platz**
- **Cavaletti**
  - **Schrittverlängerung**
  - **Kraft**
  - **Über einzelne Stangen treten**
  - **Vor / zurück**
  - **Seitlich**
  - **Hinterpfote anheben**
- **Elefantentrick**
- **Seitwärtsgehen**

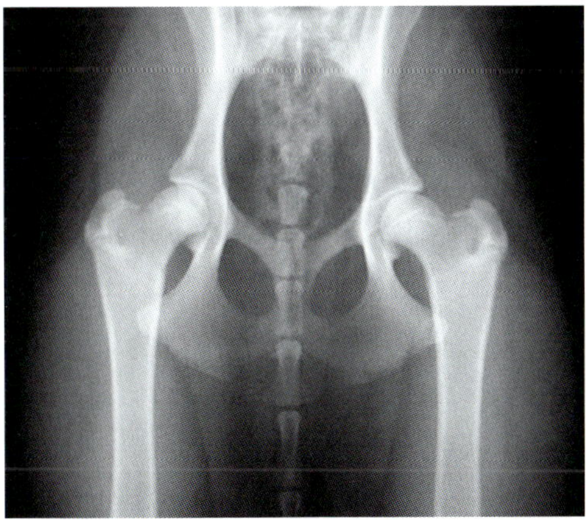

Gesunde Hüftgelenke

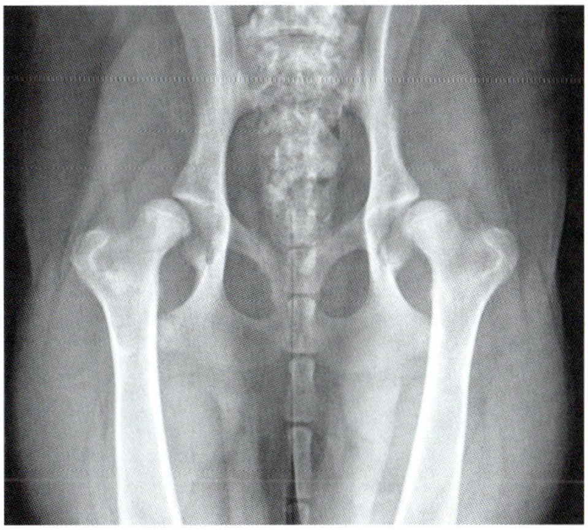

Beidseitige Hüftgelenksdysplasie

Neurologische Probleme

Wenn Nerven gequetscht oder verletzt werden oder wenn ihre Funktion anderweitig eingeschränkt wird (z.B. Stoffwechselprobleme), treten neurologische Ausfälle auf. Die Auswirkungen können je nachdem, welche und wie viele Nerven betroffen sind, sehr unterschiedlich sein. Es besteht die Möglichkeit von Störungen der Koordination, Lahmheiten, Muskelzittern, Krämpfen oder einer Beeinträchtigung der Sinne. Die Behandlung umfasst die Entfernung des Auslösers z.B. bei einem Hirntumor oder Physiotherapie/ Rehabilitationsmedizin.

Gymnastricks (s. Teil III):

- Targettraining
- Feet Puzzle
- Isometrische Übungen
- Ipsilateraler Stand
- Stangenarbeit & Cavaletti-Training
- Rückwärtslaufen von etwas hinunter
- Environmental Enrichment
- Schnüffeln

Mit gezielten Gymnastricks kann das Wiedererlangen der Koordination gefördert werden. Natürlich dürfen Sie hier keine Wunder erwarten. Jedoch insbesondere bei zeitweisen Ausfällen oder medikamentös bedingten Störungen, wie beispielsweise während der Einstellung von Epilepsie-Medikamenten, können Gymnastricks enorm helfen.

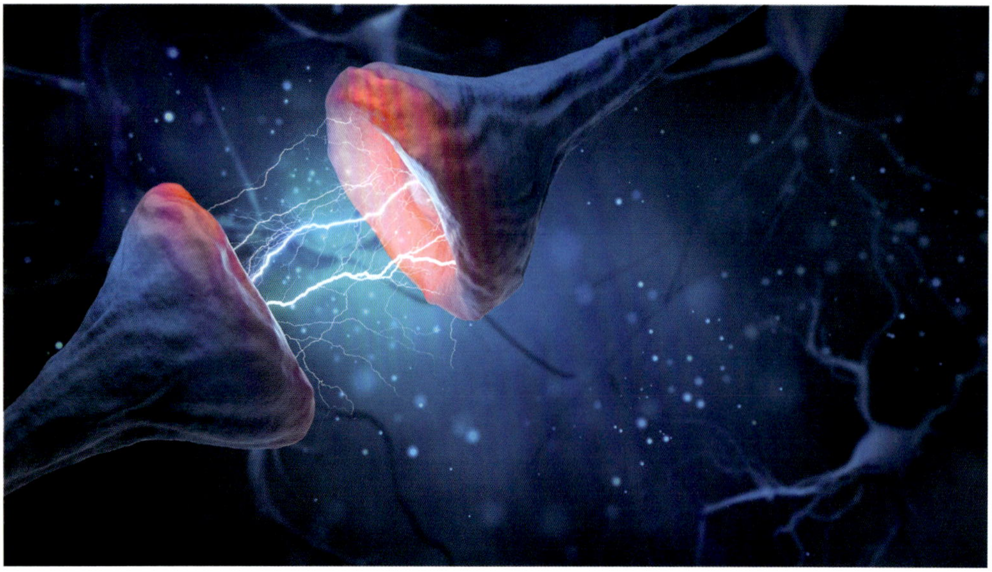

Osteochondrosis dissecans (OCD)

OCD ist eine multifaktoriell verursachte Erkrankung des wachsenden Skeletts, die hauptsächlich zu Knorpeldegeneration führt. Infolgedessen kommt es normalerweise zu einer Verletzung des darunterliegenden Knochens. Die Ursache liegt in einer Störung der enchondralen Ossifikation, der Prozess, bei dem mesenchymales Bindegewebe über die Zwischenstufe des Knorpelgewebes hin zu Knochengewebe umgewandelt wird. Diese Art der Verknöcherung tritt zentral aus der Knorpelmatrix heraus und tritt in den Epiphysenfugen (Wachstumsfugen) auf. Während dieses Prozesses kann eine Störung zu einer Degeneration der Knorpelsubstanz und sekundär des subchondralen Knochens führen.

Neben genetischen Faktoren kann die Entstehung dieser Erkrankung durch einen zu hohen Energiegehalt des Futters mit einem übermäßigen Gehalt an Calcium, Phosphor nd Vitamin D verursacht werden, da sich der Gelenkknorpel verdicken (hypertrophieren) kann, anstatt wie erwartet zu kalzifizieren.

Schultergelenk mit OCD:

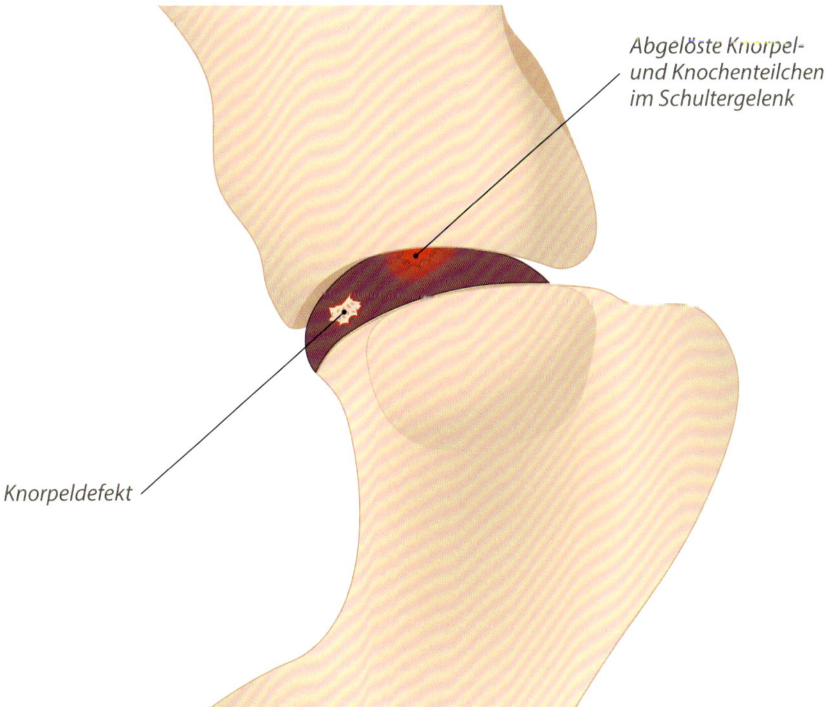

Zu den Ursachen von OCD gehören auch hormonelle Ungleichgewichte. Insbesondere die Hormone der Schilddrüse, das Wachstumshormon Somatotropin sowie die Andro- und Östrogene sind von Bedeutung. Durchblutungsstörungen von Epiphysenarterien können zu einer Abgrenzung des nekrotischen, also abgestorbenen Knorpelgewebes im Rahmen der enchondralen Ossifikation führen. Dies ist ein weiterer verursachender Faktor. Des Weiteren entstehen Entzündungsreaktionen nach Zusammenhangstrennungen im Knochen-Knorpelbereich. Diese schmerzhaften Entzündungen entstehen, wenn die Synovia, die Gelenksflüssigkeit oder -schmiere, mit dem subchondralen, freiliegenden Knochen in Kontakt kommt.

Übungen zur OCD sollten immer erst nach tierärztlicher Freigabe und einem kompletten Ausheilen erfolgen!

Gymnastricks (s. Teil III):

- **Stangenarbeit: Vorderpfote vor/ zurück über einzelne Stange**
- **Tipp/Tapp**
- **Isometrisches Training an Schulter**

Patellaluxation

Patellaluxation wird eine krankhafte seitliche Verschiebung der Kniescheibe nach innen (medial) oder außen (lateral) genannt.

Im Gelenk kann eine Luxation zu einer Schwellung mit Gelenkerguss und Schmerzen führen. Wenn die Kniescheibe zum ersten Mal verlagert wird, kommt es in der Regel zu einer plötzlichen Lahmheit. Der Gelenkknorpel zwischen Kniescheibe und Femur kann mit der Zeit abnutzen und geschädigt werden, was irreversible Veränderungen verursacht. Der Muskelansatz des langen Zehenstreckers (Musculus extensor digitorum longus) kann auch durch eine laterale Luxation beschädigt werden. Die Auswirkungen der Krankheit hängen auch vom Grad der Luxation ab. Die Kniescheibe wird in vier Grade verlagert. Bei Grad I befindet sich der Knieschiebe immer in ihrer physiologischen Position im Sulcus femoris. Sie kann manuell luxiert werden, springt aber automatisch in ihre ursprüngliche Position zurück. Bei Grad II ist dies nicht mehr möglich, da nur durch Manipulation eine Rückkehr in die physiologische Position erreicht werden kann. Bei Grad III ist die Kniescheibe außerhalb des Sulcus, aber die Patella kann noch in ihre ursprüngliche Position gebracht werden, indem sie manipuliert wird. Im höchsten Schweregrad IV befindet sich die Kniescheibe unverändert in der Luxationsstellung und ist nicht mehr möglich, sie zu reponieren.

Normale Patellasehne:

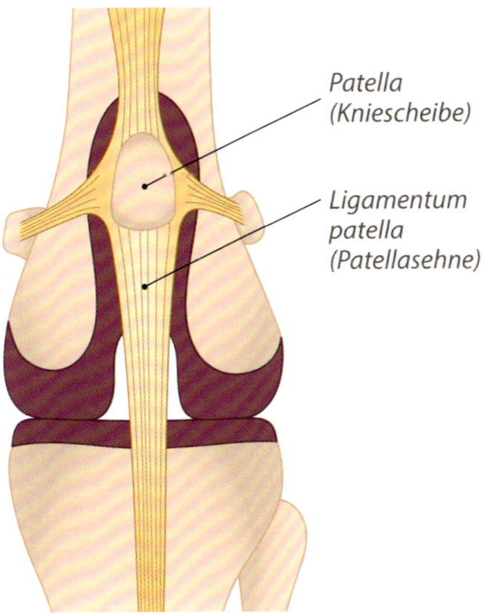

Patellaluxation:

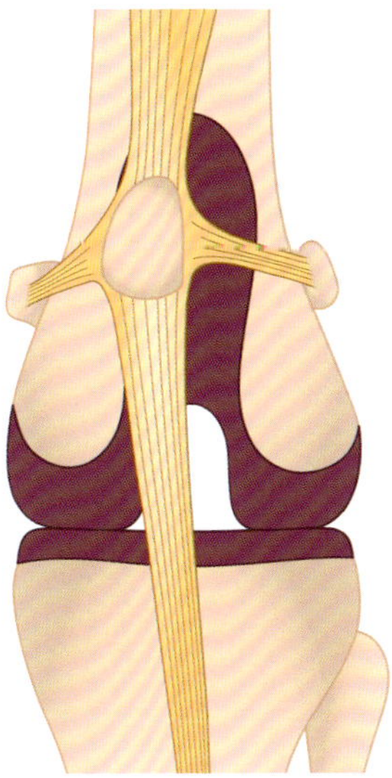

Bei der Ausfürung der Gymnastricks ist unbedingt auf korrekte Ausführung mit gerade gerichteten Hinterbeinen zu achten.

Gymnastricks (s. Teil III):

- Gewichtsverlagerung
- Sphinx-Platz mit Gewichtsverlagerung
- Korrekte (!) Sitz-Platz-Steh-Wechsel
- Hinterpfote vor/zurück auf Target
- Hinterpfote anheben

Spondylose

Spondylosis deformans beschreibt eine degenerative Erkrankung der Wirbelsäule des Hundes, wobei Wirbelzwischenräume verknöchern und dadurch unbeweglich werden. Dies kann zur Versteifung großer Partien des Rückens führen. Die Verknöcherung kann mit Schmerzen einhergehen, verknöcherte Bereiche sind dann aber nicht mehr schmerzhaft. Jedoch kann die Verknöcherung zur Beeinträchtigung von Nerven führen. Die Spondylose selbst verläuft in Schüben und verhält sich im Gegensatz zu anderen Gelenkserkrankungen unabhängig vom Wetter.

Gymnastricks (s. Teil III):

Zum Entspannen der Rückenmuskulatur:

- **Über Peanutball hängen**

Zur Stärkung der Rückenmuskulatur & Haltemuskulatur:

- **Gewichtsverlagerung**
- **Positionswechsel**
- **Isometrische Übungen**

Zum Erhalt der Propriozeption / Koordination:

- **Stangensteigen, z. B. Mikado oder Koordinations-Cavaletti über Feetpuzzle**

Folgen der Spondylose sind:

- Unnatürliche Haltung
- Verkrümmung
- Schmerzen
- Lähmungserscheinungen
- Beeinträchtigung von Nervensträngen
- Inkontinenz

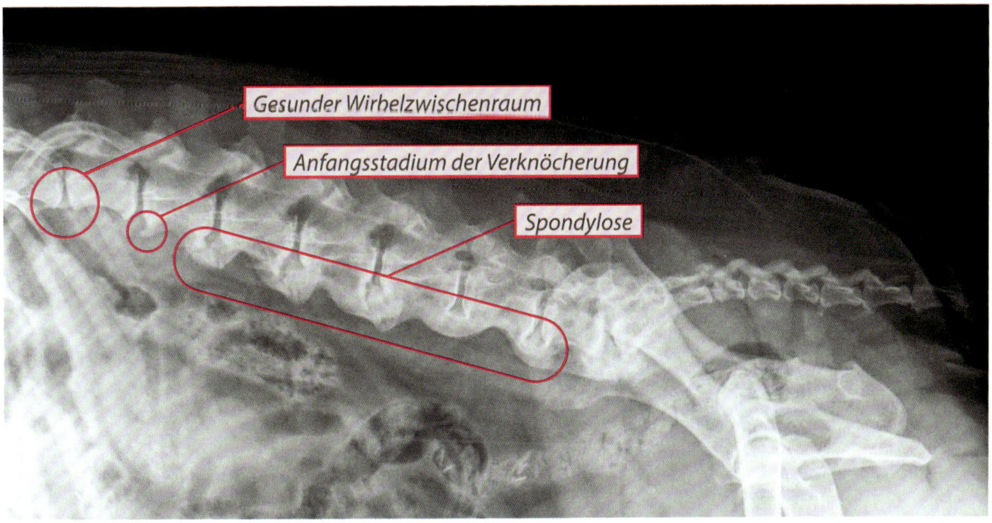

2. Sportarten

Es ist großartig, dass Sie sich für die Gesunderhaltung Ihres Sportpartners interessieren. In diesem Buch finden Sie Anregungen zum Warm-Up und Cool-Down sowie vorbereitende Übungen für die jeweilige Sportart und sogenannte Konter-Übungen. Das sind Übungen, die die Körperbereiche ansprechen, die in der Sportart wenig beansprucht werden. Ein eindrückliches Beispiel hierzu ist die Fußarbeit. Eine Konter-Übung zur Fußarbeit wäre zum Beispiel das Nach-unten-Schauen. In der Fußarbeit soll der Hund seinen Kopf meistens nach oben tragen und der Rücken sich frei schwingend bewegen können. Dieses „Kopf-in-Position-halten“ ist für den Hundekörper anstrengend und der Kopf-/Hals-/Nacken-/Schulterbereich kann durch die Konter-Übung „Nach-unten-Schauen“ positiv beeinflusst werden.

Sportart	Vorbereitende Übung	Aufwärmübung	Konterübung
Agility	Hüpf	Buddeln, Hüpf, Pack's	Slalom, Cavaletti (Kraft, Koordination, Schrittverlängerung), Feetpuzzle
Begleithundesport	Elefantentrick, gestrechtes Steh, Kopf an Flanke	Nicken, Schnelles Sitz-Steh, Buddeln	Unter-dem-Bauch-durchgucken, Rückwärts runter
Coursing	Hüpf, Ausdauertraining	Slalom, Tipp-Tapp	Cavaletti (Koordination), Cavaletti (Schrittverlängerung)
Dog Diving	Hüpf, Schnapp's	Tipp-Tapp, Slalom, Schnapp's	Cavaletti (Schrittverlängerung)
Dogdancing	Slalom, Tipp-Tapp, Gestrecktes Steh	Slalom, Tipp-Tapp	Nach-unten-gucken, Cavaletti (Schrittverlängerung)
Dummyarbeit	Nicken	Tipp-Tapp, Buddeln, Nicken	Gestreckte Steh, Bewusstes Rückwärtslaufen, Gewichtsverlagerung, auf Hinterhand im Stehen, Elefantentrick
Fährten und Mantrailing	Nach unten schauen, Cavaletti (Schrittverlängerung)	Nach-unten-Schauen, Tipp-Tapp	Bewusstes Stehen, Gestrecktes Steh, Elefantentrick, Seitwärtslaufen
Flyball	Twist/Turn, Hüpf, Hüpf & Abdrücken	Twist/Turn, Abdrücken, Hüpf	Cavaletti (Schrittverlängerung), Cavaletti (Koordination), Hold

Frisbee	Hüpf, Cavaletti (Koordination), Hüpf	Slalom, Buddeln, Sitz-Steh	Cavaletti (Gangschulung)
Fußarbeit	Podesttraining, Gestrecktes Sitz, Gestrecktes Steh, Elefantentrick	Slalom, Twist / Turn, Elefantentrick	Auf der anderen Seite laufen, Nach-unten-Schauen, Unter-dem-Bauch-durchschauen, Kopf an Flanke (umbennenen), Auf Peanutball abhängen, Hold, Tablett auf Nacken balancieren, Nach vorne gucken im Trab
Hoopers	Twist / Turn, Pylone umrunden	Twist / Turn, Pylone umrunden, Volten, Slalom, Seitwärts	Gestrecktes Steh, Gestrecktes Sitz, Ipsilateraler Stand, Cavaletti (Koordination)
Hüten	–	Tipp-Tapp, Buddeln, Nicken	Gestrecktes Steh, Bewusstes Rückwärtslaufen, Gewicht auf Hinterhand im Stehen, Elefantentrick, Cavaletti (Koordination)
IPG	Hüpf, Schnapp's	Tipp-Tapp, Buddeln, Hüpf, Schnapp's, Gestrecktes Steh (kurz)	Nach-unten-gucken, Cavaletti (Schrittverlängerung)
Jagdliches Arbeiten	Cavaletti (Koordination),	Tipp-Tapp, Nicken, Slalom	Gestrecktes Steh, Cavaletti (Schrittverlängerung)
Nasenarbeit (Scent Detection, ZOS)	Vito's Game über verschiedene Untergründe	Tipp-Tapp, Buddeln, Verbeugen, Steh-Anzeigeposition	Nach-oben-gucken, Hold, Gewicht auf Hinterhand, Cavalettitraining (Koordination), Elefantentrick, Rückwärts runter
Obedience	Plattformtraining, gestrecktes Steh, Cavaletti (Schrittverlängerung)	Slalom, Twist / Turn, Elefantentrick, gestrecktes Steh, gestrecktes Sitz, Nicken	Nach-unten-gucken, Cavaletti (Schrittverlängerung), Cavaletti (Koordination)
Rally Obedience	Plattformtraining, gestrecktes Sitz, Cavaletti (Schrittverlängerung)	Slalom, Twist / Turn, Elefantentrick, gestrecktes Steh, gestrecktes Sitz	Nach-unten-gucken, Cavaletti (Schrittverlängerung), Cavaletti (Koordination)
Rettungshundearbeit	Cavaletti (Koordination)	Slalom, Tipp-Tapp,	Cavaletti (Schrittverlängerung), Gestrecktes Steh
Turnierhundesport	Cavaletti (Koordination)	Slalom, Twist / Turn, Tipp-Tapp	Cavaletti (Schrittverlängerung)
Zughundesport	Cavaletti (Schrittverlängerung)	Hüpf, Slalom, Buddeln	Gewichtsverlagerung nach hinten im Steh, Cavaletti (Schrittverlängerung), Elefantentrick

Warm Up and Cool Down

Vor jeder sportlichen Betätigung mit Ihrem Hund sollte ein Warm-Up stehen. Dabei steht nicht nur die körperliche Seite im Vordergrund, sondern auch das mentale Einstimmen auf das gemeinsame Tun. Je nach Hundetyp müssen Sie die Länge des Warm-Ups individuell anpassen. Einige Hunde müssen vorher recht lange aufgewärmt und in den entsprechenden Übungen bereits vorgearbeitet werden, um überschüssige Energie loszuwerden und infolge zuhör- und einsatzbereit zu sein. Bei anderen Hunden ist das Warm-Up eine Gratwanderung zwischen Konzentrationserhalt und körperlicher Ermüdung. Auch hier sollten Sie sehr individuell agieren und Ihr Warm-Up immer den Gegebenheiten, allen voran das Wetter, anpassen.

Grundsätzliches Warm-Up

Nachdem Ihr Hund Zeit hatte, am Ort des Geschehens anzukommen, also ein paar Minuten vor Ort schnüffeln und sich ggf. lösen konnte, beginnt das eigentliche Warm-Up.

- Grundsätzliches Warmlaufen im Trab, ca. 5 Minuten
- Ggf. Durchbewegen der Zehen und anregende Massage
- Grundsätzliche Übungen für Ganzkörper-Warm-Up: z. B. Slalom, Tipp-Tapp im Stehen etc.

Sportartspezifisches Warm-Up

Nachdem nun der ganze Körper Ihres Hundes quasi vorgewärmt ist, beginnt nun der sportartspezifische Teil des Warm-Ups.

- Sportartspezifische Übungen für Teilbereiche: z. B. Vorderhandübungen für Agilityhunde, Nackenübungen für IGP etc.

Idealerweise sollten Sie direkt nach dem Warm-Up in die sportliche Betätigung starten. Manchmal ist dies leider nicht möglich. Dann können Sie Wartezeiten ggf. mit lockerem Traben und/oder einem Mantel überbrücken.

Gymnastricks für ...

Agility

Agility ist eine sehr schnelle, anspruchsvolle Sportart, bei der Ihr Hund vielfältigen Beanspruchungen ausgesetzt ist. Obwohl Sprünge zur Hauptarbeit des Hundes beim Agility zählen, sollten auch enge Wendungen und Slalombewegungen entsprechend vorbereitet werden. Dabei ist es wichtig zu betonen, dass bei Sprüngen auch immer die vorderen Extremitäten beansprucht werden. Im traditionellen Sprungtraining wird häufig nur auf die Hinterhand geachtet. Diese ist auch wichtig. Allerdings muss die Vorderhand der Hunde im Sprung die Kompression durch das Aufkommen auffangen und abfangen. Hierbei ist vor allem im Warmup viel möglich, um Verletzungen vorzubeugen.

Gymnastricks (s. Teil III):

Vorbereitende Übungen:

- Hüpf

Aufwärmübungen:

- Buddeln
- Hüpf
- Pack's

Konterübungen:

- Slalom
- Cavaletti (Kraft, Koordination, Schrittverlängerung)
- Feetpuzzle

In einer spannenden Studie von Katja Söhnel wurden die unterschiedlichen Sprünge betrachtet: ***Limb dynamics in agility jumps of beginner and advanced dogs.*** *Journal of Experimental Biology.*

AGILITY: LIMB STIFFNESS IN JUMPING DOGS WITH DIFFERENT LEVEL OF SKILL, July 2019

Die Studie fand heraus, dass Sprünge um Kurven per se nicht belastender sind als gerade Sprünge. Sehr schnelle Hunde und speziell Border Collies sind – laut Studie – risikobehafteter im Agility unterwegs. In der Studie konnten jedoch individuelle Faktoren wie Statur, Geschlecht, der Parameter Führstil des Menschen etc. nicht berücksichtigt werden, zudem ist die Stichprobe mit 20 Hunden zwar aussagekräftig, aber eher klein.

Evaluation of Variability in Gait Styles Used by Dogs Completing Weave Poles in Agility Competition and Its Effect on Completion of the Obstacle
Logan D. Eicher 1, Arielle …

Eine weitere amerikanische Studie untersuchte den Stil, mit dem unterschiedliche Hunde den Slalom absolvieren. Der Slalomstil unterscheidet sich je nach Größe und Rasse. Größere Hunde und Border Collies bevorzugen einen einzelnen Schritt. Die Slalomzeiten waren signifikant schneller für Teilnehmer, die einen einzelnen Schrittstil zeigen, im Vergleich zu anderen Gangarten.

Die Studie ergab fünf identifizierbare Slalomgarten, die von Hunden verwendet werden. Wobei der Einzelschritt mit den Vorderpfoten schnellere Laufzeiten im Vergleich zu den anderen Gangarten mit sich brachte. Eine eindeutige Klassifizierung der Laufstile soll es in künftigen Studien ermöglichen, die unterschiedlichen Belastung von Gelenken bei verschiedenen Laufstilen zu bewerten.

Es wird die Hypothese aufgestellt, dass Methoden, bei denen der Hunde geshaped wurde, den Hund dazu bringt, die Slalommethode zu entwickeln, die für ihn am angenehmsten zu sein scheint, wohingegen bei Methoden mit Führung durch z. B. Bögen dem Hund vorgegeben wird, wie er die Füße setzen soll.

Begleithundesport

Die Begleithundeprüfung ist vielen Hundehaltern bekannt. Doch dass es danach weiterführende Prüfungen gibt, die z.B. das Apportieren über eine Schrägwand beinhalten, ist vielen nicht bewusst. Dieser vielseitige Sport vereint Elemente aus unterschiedlichen Bereichen. Der Fokus der hier genannten Übungen liegt auf dem typischen Bei-Fuß-Laufen links vom Hundehalter. Für andere Elemente bedienen Sie sich bitte der Übungen aus anderen Bereichen z.B. dem Abschnitt zum Dummytraining und Apportieren.

Gymnastricks (s. Teil III):

Vorbereitende Übungen:

- Elefantentrick
- Gestrecktes Steh
- Kopf an Flanke

Aufwärmübungen:

- Nicken
- Schnelles Sitz-Steh
- Buddeln

Konterübungen:

- Unter-dem-Bauch-durchgucken
- Rückwärts von etwas hinunter

Coursing

Der Rennsport ist ein enormes Ganzkörperworkout, bei dem schnelle, explosive Muskelkraft im Vordergrund steht. Typischerweise wird er von Hunden betrieben, die dem Windhundtyp entsprechen und hierfür quasi gemacht sind. Deren allgemeine Ausdauer können Sie durch Fahrradfahren, Laufbandtraining oder Schwimmen verbessern, wobei letzteres den wenigsten Windhunden richtig Spaß macht, was mit ihrem großen Brustkorb zu tun hat. Die Gymnastricks können Sie dann gezielt zum Aufbau von Schnellkraft nutzen.

Gymnastricks (s. Teil III):

Vorbereitende Übungen:

- Hüpf
- Ausdauertraining

Aufwärmübungen:

- Slalom
- Tipp-Tapp

Konterübungen:

- Cavaletti (Koordination)
- Cavaletti (Schrittverlängerung)

Dog Diving / Dock Diving

Aus den USA wortwörtlich herübergeschwappt ist die Sportart Dog Diving (oder auch Dock Diving genannt). Während die Länge des Sprungs für das Ergebnis zählt, ist es aus Hundesicht wichtig, den Fokus auf den Absprung zu legen, da dieser den Körper am meisten beansprucht. Neben einer guten Technik ist es hierbei besonders wichtig, Vorder- und Hinterhand entsprechend aufzuwärmen.

Gymnastricks (s. Teil III):

Vorbereitende Übungen:

- Hüpf
- Schnapp's

Aufwärmübungen:

- Tipp-Tapp
- Slalom

Konterübungen:

- Cavaletti (Schrittverlängerung)

Dogdancing

Dogdancing ist eine höchst individuelle Sportart und genau darin liegt auch ihr Reiz. Es gibt keine vorgeschriebenen Pflichtelemente und die Stärken des jeweiligen Hundes können hervorgehoben werden. Ein Gymnastricksprogramm kann sich daher auch derer Sportarten bedienen, denen die Choreo am ähnlichsten ist. So können Sie beispielsweise für Heelwork-to-music-Choreographien Übungen aus dem Obediencebereich übernehmen, für Freestyle-Choreographien, in denen viel Apportieren enthalten ist, solche aus dem Dummybereich.

Gymnastricks (s. Teil III):

Vorbereitende Übungen:

- Slalom
- Tipp-Tapp
- Gestrecktes Steh

Aufwärmübungen:

- Slalom

Konterübungen:

- Nach-unten-Gucken
- Cavaletti

Dummytraining und Apportieren

In diesem Kapitel geht es um das Bringen durch den Hund. Sei dies ein Dummy, ein Alltagsgegenstand, ein Apportel oder eine tote Ente. Das heißt: Die Übungen, die Sie hier finden, sind nicht nur explizit für die Dummy-Arbeit gedacht, sondern können für jegliche Apportieraufgaben herangezogen werden, denn die Beanspruchung des Hundes beim Apportieren ist zumeist ähnlich: Hinlaufen, Abstoppen, Apportiergegenstand aufnehmen, zum Hundeführer umorientieren, Tragen, Halten, Ausgeben.

Während des Apportierens wirken unterschiedliche Kräfte auf den Hundekörper. Das Aufnehmen und Tragen hat eine Hebelwirkung auf den Kopf-/Hals-/Nackenbereich, zudem kann bei Wendungen eine vermehrte Fliehkraft auf Ihren Hund wirken.

Während der Apport z. B. im Obedience auf ebener Erde oder über eine Hürde stattfindet, müssen sich Jagdhunde auch durch unwegsames Terrain schlagen. Deswegen ist bei letzteren insbesondere die Koordinationsschulung und das Aufwärmen der Zehengelenke besonders wichtig.

Gymnastricks (s. Teil III):

Vorbereitende Übungen:

Ein kleinschrittiger Aufbau des Apportierens hilft nicht nur dem mentalen Verständnis Ihres Hundes, sondern bereitet auch seinen Körper auf die Beanspruchung vor.
So können Sie mehrmaliges Aufnehmen des Apportels üben, ggf. zunächst von einer Erhöhung, denn je tiefer das Apportel liegt, umso anstrengender ist dies für den Hundekörper. Auch das schrittweise Tragen des Apportels ist eine gute vorbereitende Übung.

Aufwärmübungen:

- Tipp-Tapp
- Buddeln
- Nicken

Konterübungen:

- Gestrecktes Steh
- Bewusstes Rückwärtslaufen
- Gewicht auf Hinterhand im Stehen
- Elefantentrick

Dummytraining und Apportieren

Fährten und Mantrailing

Während beim Mantrailing die Art der Suche – Nase hoch, tief oder halbhoch getragen – nicht vorgeschrieben ist, suchen Fährtenhunde immer tief. Beiden Sucharten gemein ist die dadurch vermehrte Beanspruchung der Vorderhand.

Gymnastricks (s. Teil III):

Vorbereitende Übungen:

- Nach unten schauen
- Cavaletti-Schrittverlängerung

Aufwärmübungen:

- Nach unten Schauen
- Pfoten geben/Tipp-Tapp
- Buddeln

Konterübungen:

- Bewusstes Stehen, Gewicht auf Hinterhand
- Gestrecktes Steh
- Elefantentrick
- Seitwärtslaufen

Flyball

Dieser rasante und oftmals auch laute Sport ist durch seine Schnelligkeit, das Springen über Hürden, die Schwimmerwende und das Fangen eines Balls durchaus als beanspruchend für den Hundekörper zu bezeichnen.

Gymnastricks (s. Teil III):

Vorbereitende Übungen:
- Twist / Turn
- Hüpf
- Schwimmerwende

Aufwärmübungen:
- Twist / Turn
- Hüpf
- Schwimmerwende

Konterübungen:
- Cavaletti
- Hold

Frisbee

Beim Frisbee geht es um das Fangen der Scheibe, aber eben auch um langen Anlauf, Springen und Elemente beim Menschen – je nach Division. Für Freestyle Choreographien kann man sich daher auch aus dem Bereich Gymnastricks fürs Dogdancing bedienen.

Gymnastricks (s. Teil III):

Vorbereitende Übungen:

- Hüpf
- Cavaletti – Koordination

Aufwärmübungen:

- Slalom
- Buddeln
- Sitz-Steh

Konterübungen:

- Cavaletti – Gangschulung

Fußarbeit

Die unterschiedlichen Hundesportarten haben einen jeweils anderen Fokus in der Fußarbeit. Allen gemeinsam ist, dass der Hund freudig motiviert auf Höhe des Menschenbeines mitgehen soll und zwar so, dass seine Schulter sich auf der gleichen Höhe befindet.

Unterschiede in der Fußarbeit gibt es bezüglich der Kopfposition des Hundes und weiteren Elementen wie Nähe oder Korrektheit. Während im Dummytraining ein Hund nach vorne schauen soll, ist in den anderen Sportarten ein Kontakthalten mit dem Hundeführer durch (angedeuteten) Blickkontakt gewünscht. Sei dies mit gerade gestrecktem oder gebogenem Kopf. Auf dem Vormarsch ist es mittlerweile in mehreren Sportarten, dass die Hunde beidseitig, also auch rechts des Menschen geführt werden.

Gymnastricks (s. Teil III):

Vorbereitende Übungen:

- Podesttraining
- Gestrecktes Sitz
- Gestrecktes Steh
- Elefantentrick

Aufwärmübungen:

- Slalom
- Twist/Turn
- Elefantentrick

Konterübungen:

Konterübungen können helfen, Schiefstellungen zu beheben. Es sind die Übungen, die dazu beitragen, die einseitige Belastung beim Fuß laufen nicht einseitig zu belassen, sondern auf beide Seiten zu übertragen. Grundsätzlich ist zu sagen, dass ein nach oben oder zu uns schauender Hund in seiner Beweglichkeit eingeschränkt ist, er kann nicht mehr so raumgreifend nach vorne schreiten.

- Auf anderer Seite laufen
- Nach unten schauen
- Unter dem Bauch durchschauen
- Nach links/rechts hinten unten schauen
- Auf Peanutball „abhängen"
- „Hold"
- Tablett auf Nacken balancieren
- Nach vorne gucken im Traben

Febee zeigt, dass Fußarbeit beidseitig trainiert werden sollte.

Hoopers

Zunächst als Alternative für Hunde, die kein Agility (mehr) machen können, propagiert, ist Hoopers eine anspruchsvolle Sportart für alle Hunde, die Spaß am Rennen haben. Dabei wirken sich – je nach Linienführung des Parcours – die rasanten Wendungen und das Umrunden von Hindernis durchaus beanspruchend auf den Hundekörper aus. Hierbei sind insbesondere Fliehkräfte zu nennen. Besonderes Augenmerk sollte neben der Flexion der Wirbelsäule als Aufwärmübung besonders auf die Vorderhand eingegangen werden.

Gymnastricks (s. Teil III):

Vorbereitende Übungen:

- Twist / Turn
- Pylone umrunden

Aufwärmübungen:

- Große Kreise zu kleinen Kreisen
- Slalom durch die Beine
- Seitwärtsgehen (an Schrägwand)
- Zehengelenke mobilisieren

Konterübungen:

- Gestrecktes Steh / Sitz
- Pfoten geben
- Cavaletti (Kraft und Rhythmus)

Hüten

Häufig denkt man bei Belastungen an „high impact" Sportarten wie Agility oder Frisbee. Hierbei ist jedem klar, dass man dem Hund zusätzlich noch etwas Gutes tun sollte. Dass man Hunden, deren Job es ist, Vieh zu hüten – sei es auf täglicher Basis als „echter" Arbeitshund oder im sportlichen Bereich – auch etwas Gutes tun kann, steht oft nicht so im Fokus der Hundehalter. Aber auch hier ist es wichtig, den Halter entsprechend zu schulen.

Gymnastricks (s. Teil III):

Vorbereitende Übungen:

- –

Aufwärmübungen:

- Pfoten geben / Tipp-Tapp
- Buddeln
- Nicken

Konterübungen:

Hütehunde arbeiten häufig sehr geduckt. Dadurch soll in den Konterübungen das Gegenteil erreicht werden, indem sich die Hunde strecken und Gewicht nach hinten nehmen. Das sieht man gut zum Beispiel beim gestreckten Steh, was aus der Fuß-Arbeit bekannt ist. Hierbei strecken die Hunde den Kopf nach vorne oder sogar nach oben, wodurch die Schultermuskeln gestreckt und der Rücken gewölbt wird.
Bei der Durchführung der Konterübung geht es nicht um Schnelligkeit, sondern um Kraftausdauer und das Halten der Position. Anfangs für ein bis zwei Sekunden, dann mit langsam steigender Dauer. Um einen muskulären Effekt zu erreichen, wird eine Zeitspanne von mindestens 10 Sekunden benötigt, auf welche langsam hingearbeitet wird.

- Gestrecktes Steh
- Bewusstes Rückwärtslaufen
- Gewicht auf die Hinterhand im Steh
- Hüpf

IPG

Fußarbeit, Schutzdienst, Revieren, Fährtenarbeit – all diese Einzelaspekte machen den vielseitigen Sport IPG aus. So ist es sinnvoll, die einzelnen Sparten gesondert zu betrachten, holen Sie sich also Inspiration für Übungen in den betreffenden Kapiteln dieses Buches. Die Übungen, die hier aufgelistet sind, legen den Fokus auf das Beißen in den Ärmel, da dies der Teilbereich ist, der dem IPG eigen ist. Hierbei ist es besonders wichtig zu erwähnen, dass der Kiefer-/Hals-/Nackenbereich Ihres Hundes zwar aufgewärmt sein sollte, aber nicht zu intensiv vorgearbeitet, da eine gewisse Arbeitsspannung von Nöten ist, um dieser Beanspruchung längerfristig so gesund wie möglich gegenübertreten zu können. Ferner sollten Sie auf keinen Fall vor der Arbeit eine Dehnungshaltung trainieren, da die Muskulatur sonst zu entspannt ist. Wärmen Sie Ihren Hund mit kurzen, zügigen Gymnastricks auf.

Gymnastricks (s. Teil III):

Vorbereitende Übungen:

- Hüpf
- Schnapp's

Aufwärmübungen:

- Tipp-Tapp
- Buddeln
- Hüpf
- Schnapp's
- Gestrecktes Steh (kurz)

Konterübungen:

- Nach-unten-gucken
- Cavaletti (Schrittverlängerung)

Jagdliches Arbeiten

„Jagdliches Arbeiten“ ist ein Sammelbegriff für die unterschiedlichen Leistungen, die ein Jagdhund während der Arbeit erbringen muss. Je nach Aufgabe macht es Sinn, die hier dargestellten Übungen für Dummyarbeit sowie Fährten und Mantrailen mit in das Gymnastricksprogramm einzubeziehen. An einen Nachsuchenhund werden selbstverständliche andere Anforderungen gestellt als an einen Hund, der direkt nach dem Schuss arbeitet und z.B. eine geschossene Ente apportiert. Allen gemeinsam ist der Bedarf an guten koordinativen Fähigkeiten für die Arbeit in unwegsamem Gelände.

Gymnastricks (s. Teil III):

Vorbereitende Übungen:

- Cavaletti (Koordination)

Aufwärmübungen:

- Tipp-Tapp
- Nicken
- Slalom

Konterübungen:

- Gestrecktes Steh
- Cavaletti (Schrittverlängerung)

Nasenarbeit (Scent Detection, ZOS)

Während Ihr Hund sucht, haben Sie keinen Einfluss auf dessen Körperhaltung. Umso wichtiger ist gute Grundlagenarbeit vorab. Auf Bildern von suchenden Hunden ist gut zu erkennen, dass der Hund mehr Körpergewicht auf die Vorderhand legt und diese mehr belastet. Andere Körperregionen werden dadurch leider häufig vernachlässigt.

Durch das Tiefhalten der Nase, damit der Hund suchen kann, ist das Gewicht automatisch eher auf der Vorderhand. Die Hunde benötigen eine gewisse Tiefenmuskulatur, um die langsamen Bewegungen halten zu können. Vorwärtsgehen, Rückwarts-, sich durch Trümmer schlängeln, Pfoten abwechselnd setzen, seitlich den Kopf nach unten nehmen, um Kurven gehen, sind typische Bewegungen, die bei der Ziel-Objekt-Suche oder auch bei Scent Detection gefordert sind.

Bereits im Training können Sie darauf achten, auch Suchlagen auf Nasenhöhe regelmäßig suchen zu lassen, um den Körper Ihres Hundes zu schonen. Achten Sie weiterhin darauf, welche Bewegungen Ihr Hund

repetitiv zeigt – dreht er sich z. B. immer auf eine Seite, um an seine Belohnung zu kommen? Dann bieten Sie ihm diese das nächste Mal bewusst von der anderen Seite her an. In Wettkämpfen oder Realeinsätzen können Sie diese Details oft nicht beeinflussen, im Training jedoch schon.

Bedenken Sie auch bei der Wahl des Anzeigeverhaltens, dass immer ein gewisser „Zug" zum Suchobjekt gegeben ist und dadurch ein Steh, Sitz oder Platz nie ausbalanciert sein wird und es ja auch nicht soll. Hier können Sie aber außerhalb des Suchtrainings gut gegenarbeiten.

Auch die Art und Weise, wie Sie Ihren Hund belohnen, wirkt sich auf seinen Körper aus.

Oftmals wird nach dem Anzeigen das Spielzeug „aus dem Nichts" nach vorne geworfen. Diese Unberechenbarkeit ist aus trainingstechnischer Sicht bestimmt sinnvoll, körperlich aber sehr anspruchsvoll für den Hund. Wärmen Sie ihn daher immer gut auf.

Gymnastricks (s. Teil III):

Vorbereitende Übungen:

Das schrittweise Formen des Anzeigeverhaltens bereitet den Körper des Hundes auf die Beanspruchung vor. Ggf. können Sie mit Targets arbeiten.
Eine gute Grundfitness ist wichtig: Unterschiedliche Untergründe, vorsichtiges Setzen aller Gliedmaßen, lernen sich zu koordinieren ist wichtig für Nasenarbeitshunde.
Zu vorsichtige oder zu übermütige Hunde müssen lernen, wie sie sich in verschiedenen Situationen verhalten. Oft ist eine spannende Umgebung in Kombination mit der Nasenarbeit dann überfordernd für die Hunde. Daher ist es wichtig, getrennt Untergründe zu erforschen und in einem anderen Training die Nase zu schulen. Hier empfiehlt Susan Schulze von den Pfotentrainern Vito's Game, das von Susan Garrett bekannt gemacht wurde:

- Vito's Game

Aufwärmübungen:

- Tipp-Tapp
- Buddeln
- Verbeugen
- Nicken

Konterübungen:

- Nach oben und nach unten gucken
- Gewicht auf Hinterhand
- Hold
- Cavalettitraining
- Elefantentrick
- Rückwärts von etwas runter gehen
- Isometrische Übungen

Obedience

Obedience ist Hochleistungssport in Präzision. Insbesondere Schnellkraft und Ausdauer sind hierfür besonders wichtig. Bedenken Sie dies bei der Umsetzung der Übungen.

Gymnastricks (s. Teil III):

Vorbereitende Übungen:

- Plattformtraining
- Gestrecktes Steh
- Cavaletti (Schrittverlängerung)

Aufwärmübungen:

- Slalom
- Twist / Turn
- Elefantentrick
- Gestrecktes Steh
- Nicken

Konterübungen:

- Nach-unten-Gucken
- Cavaletti (Schrittverlängerung)

Rally Obedience

Beim Rally Obedience sind die einzelnen Teilstrecken zwischen den Schildern von eher kurzer Natur und es steht der gemeinsame Spaß an kontrollierten Übungen im Vordergrund. Gerade Hunde mit raumgreifendem Schritt können diesen gar nicht richtig ausleben, weshalb Cavalettitraining zum Ausgleich besonders wichtig scheint.

Gymnastricks (s. Teil III):

Vorbereitende Übungen:

- Plattformtraining
- Gestrecktes Steh
- Cavaletti (Schrittverlängerung)

Aufwärmübungen:

- Slalom
- Twist / Turn
- Elefantentrick
- Gestrecktes Steh
- Nicken

Konterübungen:

- Nach-unten-Gucken
- Cavaletti (Schrittverlängerung)

Rettungshundearbeit

Rettungshundearbeit ist – ähnlich dem Begriff „Jagdliches Arbeiten“ – ein Sammelbegriff für viele verschiedene Aufgaben. Ein Hund beansprucht seinen Körper auf unterschiedliche Art und Weise, wenn er Flächensuche betreibt oder Menschen zwischen Trümmern oder unter Lawinen sucht. Die ausgesuchten Gymnastricks sind deshalb für alle Sparten passend, Sie können aber auch bei den anderen Sportarten Inspirationen finden.

Gymnastricks (s. Teil III):

Vorbereitende Übungen:

- Cavaletti (Koordination)

Aufwärmübungen:

- Slalom
- Tipp-Tapp

Konterübungen:

- Cavaletti (Schrittverlängerung)
- Gestrecktes Steh

Turnierhundesport

Turnierhundesport ist ein sehr vielseitiger Sport, der einem Ganzkörperworkout für Mensch und Hund gleichkommt. Die größte Anforderung von Hundeseite scheint es zu sein, sich auf gleicher Höhe mit dem Menschen zu bewegen, was insbesondere bei ungleichen Teams sehr herausfordernd sein kann.

Gymnastricks (s. Teil III):

Vorbereitende Übungen:

- Koordinations-Cavaletti

Aufwärmübungen:

- Slalom
- Twist / Turn
- Tipp-Tapp

Konterübungen:

- Schrittverlängerungs-Cavaletti

Wasserarbeit

Wasserarbeit als Hundesport erfreut sich zunehmend größerer Beliebtheit. Kernpunkt der Arbeit ist das Zurückbringen von Objekten, Booten oder Menschen ans Ufer. Neben einem Ganzkörperworkout durch das Schwimmen ist somit besonders der Hals-Nacken-Bereich des Hundes gefragt.

Gymnastricks (s. Teil III):

Vorbereitende Übungen:

- Nicken
- Schnapp's

Aufwärmübungen:

- Nicken
- Schnapp's
- Slalom
- Buddeln

Konterübungen:

- Nach-unten-gucken
- Kopf an Flanke
- Cavaletti (Schrittverlängerung)

Zughundesport

Der Zughundesport gewinnt immer mehr Anhänger. Für den Hund ist dabei ähnlich, ob er einen joggenden Menschen oder einen Menschen auf einem Kart oder Schlitten zieht. Die Kraft im Zughundesport kommt aus der Hinterhand. Durch das Ins-Geschirr-Legen sind viele Zughunde, insbesondere im Funsportbereich, jedoch sehr vorhandlastig. Durch entsprechendes Aufwärmen wird der gesamte Körper auf die folgende Beanspruchung vorbereitet, während in den Konterübungen der Fokus darauf liegt, die Vorhand zu entlasten.

Gymnastricks (s. Teil III):

Vorbereitende Übungen:
- Cavaletti (Schrittverlängerung)

Aufwärmübungen:
- Hüpf
- Slalom
- Buddeln

Konterübungen:
- Gewichtsverlagerung nach hinten
- Vorderhand erhöht
- Schrittverlängerung im Trab

3. Spezielle Bedürfnisse

Welpen und Junghunde

Welpen und Junghunde bringen besondere Anforderungen mit sich, wenn es um den Bereich Gymnastricks geht. Der Definition nach sind Hunde Welpen bis zur 18. Woche, wenn der Zahnwechsel stattfindet. Die darauffolgende Junghundephase ist unterschiedlich lang, da sie mit der Reifung zum adulten Hund endet, was rasseabhängig früher oder später geschehen kann.

Für das Überleben von Welpen ist eine gewisse Verschiebbarkeit und Instabilität von Knochen etc. überlebensnotwendig, man denke nur an die Geburt. Auch danach reifen die jungen Hunde körperlich nach, sodass man erst mit 18 Monaten von erwachsenen Hunden spricht. Es wäre natürlich fatal, den Welpen bis zu diesem Zeitpunkt in Watte zu packen. Welche Bewegungsmuster dabei einem Welpen oder Junghund zugetraut werden können, ist immer individuell. Sie können gerne den Vergleich zu kleinen Kindern ziehen. Da gibt es die, die mit zwei Jahren schon mühelos Kletterwände erklimmen und die, die dann gerade erst laufen gelernt haben. Motorische Fertigkeiten sind also sehr unterschiedlich zwischen einzelnen Individuen. Folgende Maßstäbe können Sie aber für Gymnastricks bei Welpen und Junghunden anwenden:

- Bewegungen sollten explorativ und nicht repetitiv sein. Es geht um das Erleben, welches durchaus auch einmal auf schwierigem Terrain stattfinden kann, solange es nicht viele Wiederholungen fordert, denn diese sind es, die sehr beanspruchend auf Gelenke, Sehnen und Bänder wirken.

- Bewegungen sollten kontrolliert und langsam ausgeführt werden. Natürlich dürfen Welpen wild sein, z. B. auch im Spiel mit Artgenossen. Forcieren Sie aber keine schnellen, unkontrollierten Bewegungen, die sie dann auch noch belohnen. Welpen und Junghunde haben oftmals noch kein Gefühl für sich selbst und gehen über ihre Grenzen. Sie müssen also auf Ermüdungsanzeichen achten und z. B. wilde Interaktionen auch zeitlich begrenzen. Getreu dem Motto „nach müde kommt blöd" passieren sonst oft Missgeschicke.

Sensomotorik

Übungen zur Sensomotorik sind klasse für Welpen und unproblematisch umsetzbar:

- Taststraßen
- Feetpuzzle
- Waldpfad / Barfußpfad erkunden
- Berührungen wie Streicheln, Kitzeln, Bürsten, auch mit Handschuhen

Balance

Balance-Übungen sollten schon genauer überwacht werden:

- Freie Exploration, z. B. bereits beim Züchter, jedoch nicht unbedingt in wilden Tobephasen
- Kontrolliertes, gemeinsam Begehen mit dem Menschen als Abenteuer
- Wackeliges erleben
- Keine Dauer!
- Progression von nachgiebigem Material zu luftgefülltem Material
- Zu viel Ausbalancieren auf Balance-Equipment könnte zu einer zu großen Flexibilität im Bandapparat führen, feste Oberflächen, die wackeln, z. B. Wippen, vorziehen

Isometrisches Training

Isometrische Übungen können Sie bereits mit Welpen und Junghunden durchführen. Nicht nur, dass dieses deren Körperbewusstsein schult, es nährt auch ihr Selbstvertrauen und ist gleichzeitig eine gute Handlingübung für das spätere Anfassen bei Tierarzt, Tierphysiotherapeut und Co.

Koordination

Eine gute Koordination ist lebenslang wichtig. Bereits Welpen dürfen langsam an Stangenarbeit und Cavalettitraining herangeführt werden. Das Gleiche gilt für die Arbeit mit Targets und Podesten.

Bewegungsmuster sind beeinflussbar

Aber Achtung! Sobald Sie mit Ihrem Welpen trainieren, beeinflussen Sie dessen Bewegungsmuster. Manchmal ist weniger mehr. Ein Junghund, der sich mühelos und locker selbst bewegt, kann durch gutgemeintes Training unglückliche Bewegungsmuster oder auch eine schiefe Körperhaltung entwickeln. Lassen Sie also ein gesundes Maß walten und geben Sie Welpen und Junghunden vor allem eines: Zeit. Der mentale Aspekt sollte hier nicht unterschätzt werden.

Mögliche Übungen:

- Korrekte Basispositionen! (Diese sind erst ab einem gewissen Alter muskulär haltbar. Setzen Sie Ihren Fokus zunächst auf ein korrektes Steh, erst dann auf Sitz oder Platz)
- Pfötchengeben im Stehen
- Kontrollierte Drehungen rechts / links
- Einzelne Pfoten isolieren, setzen auf 4 Targets
- Beinslalom
- Elefantentrick / Seitwärtsgehen
- „Anlegen" von Übungen, die Ihr zukünftiger (Sport-)Hund später benötigt. Lassen Sie Ihren Hund diese Bewegungen erfahren, z.B. 1 bis 2 Rückwärtsschritte einmal im Monat wiederholt
- Gute, breite Basis statt frühe Spezialisierung

Das Kennenlernen verschiedener Untergründe ist für Welpen sehr wertvoll.

Senioren

Wann ist ein Hund ein Senior? Diese Frage zu beantworten ist nicht ganz einfach. Die Einteilung als Senior hängt maßgeblich von Rasse, Größe, Statur und Charakter ab. Während kleine Hunde sehr alt werden können und somit gegebenenfalls erst ab zwölf zu den „Golden Oldies" gehören, altern große, schwere Hunde wesentlich schneller. So sind Berner Sennenhunde oder Doggen mit sechs Jahren schon sehr alt. Dabei sollte jeder Hund individuell betrachtet werden und gerade auch die mentale Fitness des entsprechenden Hundes miteinbezogen werden.

Alterungsprozess

Bezüglich des Alterungsprozesses werden zwei unterschiedliche Formen des Alters unterschieden. Das primäre Alter beschreibt körperliches, also physiologisches Altern und zelluläre Alterungsprozesse. Das sekundäre Altern bezieht sich auf äußere Einflüsse, Krankheiten, Bewegungsmangel, fehlerhafte Ernährung und die Haltung des Hundes.

Beide Prozesse sind miteinander verbunden. Während das primäre Altern genetisch vorgegeben ist, kann das sekundäre Altern beeinflusst werden. Durch Übungen, Pflege und Ernährung kann der Halter das sekundäre Altern seines Hundes positiv wie negativ beeinflussen. Hierbei ist Stress auch ein großer Faktor. Je mehr negativer Stress, desto früher altern die Hunde.

Körperliche Fitness

Vorhandene Muskeln sollten unter allen Umständen zu erhalten versucht werden, denn wenn der Muskelabbau einsetzt, ist es schwieriger, die Muskulatur wieder aufzubauen. Besser ist es, vorzubeugen als heilen. Gleichzeitig sollten Sie die Flexibilität erhalten.

Ein weiterer wichtiger Punkt, insbesondere auch für das Nervensystem, ist die Aufrechterhaltung einer guten propriozeptorischen Wahrnehmung, also der Selbstwahrnehmung im Raum.

Mentale Fitness

Die mentale Fitness Ihres Seniorhundes sollte gefordert und gefördert werden. Dabei müssen Sie oftmals abwägen zwischen Körper und Geist.

Knochen fit halten

Knochengewebe sollte ausgewogen ernährt werden. So sollten Sie genug Calcium und Phosphor in einem ausgewogenen Verhältnis füttern (1,4:1). Tageslicht bzw. Vitamin D kann sehr gut supplementiert werden. Denken Sie an eine vernünftige Belastung, sonst wird Knochengewebe abgebaut. Ein gesundes Mittelmaß ist bei jedem Hund wichtig.

Knorpel fit halten

Knorpel sind nicht durchblutet. Die Grundsubstanz im Knorpel ist stark negativ geladen und kann daher viel Wasser binden, ähnlich wie ein Schwamm. Der stark schwankende Wasserhaushalt von alternden Hunden kann dazu führen, dass die Wassereinlagerung nicht mehr richtig funktioniert. Dies wiederum kann zu Problemen führen, weil der Knorpel davon lebt, dass der Flüssigkeitstransport funktioniert. Wenn sich Flüssigkeit ansammelt, kann der Knorpel nicht mehr arbeiten, wie er sollte. Weder eine ständige Be- noch Entlastung ist gut für den Hund. Allerdings braucht der hündische Körper immer wieder eine Beanspruchung. Eine endgradige Bewegung – das heißt, dass der Bewegungsradius des Gelenks voll ausgeschöpft wird, wird benötigt. Dafür ist es wichtig, dass der Hund „passende Gelenke“ hat. Keine HD, ED, Patella Luxation, kein Kreuzbandriss, keine Arthrose, keine chronische Sehnenentzündung. Doch damit beißt sich die Katze/der Hund in den Schwanz. Jeder ältere Hund hat mindestens Arthrose. Wenn Sie dann in eine endgradige Bewegung gehen, die Sie zur Mobilisierung benötigen, verursachen Sie hierdurch Schmerzen beim Hund.

Was eignet sich nun, um älteren Hunden zu helfen?

Regelmäßige Massage, Physiotherapie, passive Bewegung und Bewegung im Wasser sind neben den Gymnastricks Möglichkeiten, älteren Hunden etwas Gutes zu tun.

Bei Training im Wasser z.B. kann Ihr Hund alle Gliedmaßen durchbewegen, ohne das eigene Körpergewicht tragen zu müssen. Dadurch werden nicht nur Muskeln bewegt, auch Knorpel werden beansprucht und fit gehalten. Nicht zu unterschätzen ist hierbei jedoch der Gegendruck des Wassers.

Mit den Gymnastricks können Sie unterschiedliche Aspekte des Älterwerdens positiv beeinflussen, so zum Beispiel den Muskelabbau.

Gewichtsverteilung

Die Verteilung des Gewichts auf Vorder- und Hinterhand hängt ganz dezidiert mit dem Muskelabbau zusammen. Denn Sie gibt Antworten auf die Frage, warum die Muskulatur des Hundes zumeist zuerst an der Hinterhand abbaut. Im Schnitt 60 % seines Gewichtes trägt ein Hund auf der Vorderhand und 40 % auf der Hinterhand. Vorne muss der Kopf und der Brustkorb mitgetragen werden, hinten befindet sich „nur" der Antrieb und die Hinterhand selber. Je nach Rasse kann sich die Verteilung verschieben. Bei Hunden mit großem Brustkorb liegt mehr Gewicht auf der Vorderhand. Bei quadratischeren Hunden, wie beim Rottweiler, verlagert es sich eher nach hinten, so werden dort oftmals 55 % vorne und 45 % hinten gemessen.

Die Natur ist nicht doof und fängt bei den Oldies mit dem Abbau der Muskulatur dort an, wo sie am wenigsten benötigt wird, also der Hinterhand. Der Durchschnittsoldie ist vorne etwas überladen. Bei Vorerkrankungen ist es umso wichtiger zu beachten, wie die Gewichtsverteilung sich darstellt. Bei beispielsweise einer Ellenbogen-Dysplasie sollte einer Verlagerung des Gewichtes nach vorne noch mehr vorgebeugt werden als bei einem gesunden älteren Hund.

Durchtrittigkeit vorbeugen

Je älter man wird, desto mehr Gewicht hat der Körper im Laufe des Lebens getragen. Wir Menschen schrumpfen und bekommen ggf. Plattfüße. Ähnlich ist es bei Hunden. Diese sind grundsätzlich Zehenläufer. Wenn das Gewicht nicht mehr über die Zehen gehalten werden kann, wird die Fläche, auf der sich das Gewicht verteilt größer, die entsprechenden Hunde treten platter auf und man spricht von einer Durchtrittigkeit. Um einer etwaigen Durchtrittigkeit vorzubeugen, können Sie die Übungen auf S. 59 nutzen.

Sensomotorik ansprechen

Durch unterschiedliche Untergründe wird die Sensomotorik Ihres Hundes angesprochen. Hier müssen nicht unbedingt Feetpuzzle benutzt werden, die Natur gibt auch viel her. Nutzen Sie beispielsweise Waldboden, Übergänge, Fußmatten, Kieswege und vieles mehr, um Ihren Oldie fit zu halten. Achten Sie nur darauf, dass der Untergrund nicht rutschig oder zu schwer begehbar ist, große Steine in Gewässern oder am Uferbereich sind keine geeigneten Untergründe für alte Hunde.

Übungen

Stangenarbeit und Cavaletti sind tolle Möglichkeiten, alte Hunde koordinativ fit zu halten. Bei der Ausführung von Gymnastricks sollten Sie immer auf eine entsprechende Körperspannung achten.

- Positionswechsel: Platz – Steh – Sitz
- Pfötchengeben im Stehen
- Twist / Turn – Drehung rechts / links kontrolliert
- Beinslalom
- Einzelne Pfoten heben
- Über Peanutball abhängen

Mentale Fitness

Das Training eines alten Hundes ist immer ein Abwägen zwischen Körper und Geist.

Stoppen Sie Ihre bisherigen Beschäftigungen nicht plötzlich, sondern führen Sie diese reduziert fort und passen sie an. Insbesondere bei Sporthunden ist die Ausgewogenheit oft schwer zu finden. Sie wollen unbedingt arbeiten, können aber nicht mehr so wie früher. Hier ist es wichtig, den Hundesport ggf. langsam auszuschleichen und sich eine Alternative zu überlegen.

Comfort Diary

Das Comfort Diary ist eine Idee von Kathy Sdao.

In diesem „Wohlfühl-Tagebuch" findet eine tägliche Dokumentation des Wohlbefindens statt, welche auch für Tierarztbesuche wichtig werden kann. Medikamente, Beweglichkeit, Stimmung, Schlaf, und Appetit werden protokolliert und kurz beschrieben. Dies kann dabei helfen herauszufinden, was Ihrem Hund guttut und welche Veränderungen im Alltag zu Problematiken geführt haben.

Dreibeinige Hunde

Im Englischen sind Hunde, denen eine Gliedmaße fehlt, bekannt als „Tripod" oder „Tripawd" Dogs, angelehnt an die Abbildung eines dreibeinigen Fotostativs. Dr. Jeff Weber fasst die Lebenslust dieser Dreibeiner folgendermaßen zusammen: *„For the most part, in dealing with three-legged pets, I have found that the only one that knows they have a missing limb is you"* (Meistens, wenn er mit dreibeinigen Tieren zu tun hat, ist der einzige der weiß, dass ein Köperteil fehlt, der Mensch).

Das ist einerseits richtig, andererseits muss dem widersprochen werden. Die meisten Hunde, die nur drei Beine haben, rennen und toben nicht anders als Hunde mit vier Beinen. Diese Hunde zeigen oftmals enorme Lebensfreude und kommen extrem gut klar damit, auch wenn die Dreibeinigkeit durch einen Unfall oder eine Verletzung entstanden ist und sie diese nicht von klein an gewohnt sind. Daher stimmt die Aussage Dr. Webers vor allem auf der emotionalen Ebene, aber nicht auf einer körperlichen Ebene, um die es hier gehen soll. Denn wenn etwas fehlt, was naturgemäß vorhanden sein müsste, dann verursacht dies natürlich eine Veränderung im Bewegungsapparat. Das bedeutet, wenn eine Gliedmaße fehlt, unabhängig davon ob vorne oder hinten, dann muss der Hund sich anders fortbewegen, als er es mit vier Beinen täte, wodurch bestimmte Körperstrukturen mehr beansprucht werden, als es bei einem normalen Gangbild mit vier Pfoten der Fall wäre. Hierbei wird das fehlende Bein oft durch Schnelligkeit kompensiert.

Art der Dreibeinigkeit

Je nach Art der Dreibeinigkeit ergeben sich unterschiedliche Kompensationen. Dies ist normal, da der Hund mit seiner Situation eben individuell klarkommen muss und als Beobachter sollte man dies anerkennen. Dabei kann nicht eine Einschränkung einer anderen vorgezogen werden, da es immer darauf ankommt, wie der Hund dies kompensiert. Rein von der Gewichtsverlagerung her ist es so, dass die meisten Hunde etwa 60 % ihres Gewichts mit der Vorderhand tragen und 40 % mit der Hinterhand. Dies variiert je nach Rasse auch etwas, da zum Beispiel italienische Windspiele oder Rassen mit sehr breitem, tiefem Brustkorb eher mehr Gewicht auf der Vorhand tragen. Dies ist wichtig zu beachten. Hier könnte man zunächst annehmen, dass es daher für Hunde „besser" ist, wenn sie dieses Gewicht mit zwei Vorderbeinen tragen und ihnen ein Hinterbein fehlt. Doch das ist so pauschal nicht zu sagen, da die Hunde viele Strategien finden, um damit umzugehen. Für einen Hund, der vorne nur ein Bein hat, ist es naturgemäß schwieriger, aufzustehen. Hunde mit zwei Vorderbeinen können sich besser hochziehen. Ist nur ein Vorderbein vorhanden, dann schieben sich die Hunde mehr aus der Hinterhand nach oben. Hierbei werden schon die verschiedenen Kompensationsmechanismen offensichtlich.

Dreibeinigkeit hinten

Bei einem Hund, dem ein Hinterbein fehlt, muss man vor allem auf den mit dem Alterungsprozess einsetzenden Muskelschwund achten. Dies ist durch den im Alter schlechter werdenden Muskelstoffwechsel bedingt. Hierzu gibt es das Sprichwort „use it or loose it", das bedeutet, dass vor allem bei Muskeln, welche nicht bis wenig genutzt werden, Masse abgebaut wird. Das kommt Hunden, die nur ein Bein haben, dann längerfristig in die Quere, da es sein kann, dass sie viel Gewicht auf die Vorhand packen, um das Fehlen eines Hinterbeins zu kompensieren. Der Motor des Hundes sitzt in der Hinterhand, doch wenn diese weniger belastet wird, dann führt das dazu, dass die Hunde vorne sehr stark überbaut sind. Dabei darf jedoch nicht vergessen werden, dass hinten noch ein funktionierendes Bein vorhanden ist. Außerdem kann die starke Belastung vorne auf Dauer auch zu einer Überlastung führen, was wiederum die Bildung von Arthrosen begünstigt. Ferner könnte es zu einer Entzündung in den Karpalgelenken oder einer Durchtrittigkeit kommen.

Hierbei wird mehr Gewicht auf die Vorderhand verlagert als in normalem Stand. Auch neigen die Hunde gerne dazu, zusätzlich den Kopf nach vorne-unten zu nehmen, um die Hinterhand weiter zu entlasten. Das Grundthema ist dabei dasselbe, da auch hier das einzelne Bein (in diesem Fall hinten) mittig untergesetzt wird, um den Schwerpunkt zu verlagern. Hierbei wird das Bein tendenziell eher nach vorn untergestellt. Bei Hunden mit einer fehlenden Vordergliedmaße wird das Bein daher eher nach hinten untergestellt, also immer unter den Schwerpunkt. Beansprucht wird hier natürlich der Rücken. Dieser ist tendenziell bei einem fehlenden Vorderbein mehr belastet als bei einem fehlenden Hinterbein, da er für die Übertragung der Kraft zuständig ist und Hunde mit zwei Beinen vorne ohnehin eher mehr Gewicht auf die Vorhand verlagern. Der Rücken ist ein Thema, das wir wirklich bearbeiten und dem Hund helfen wollen, da der Großteil der Hunde hier sehr fest ist und es auch zu Aufwölbungen des Rückens kommen kann. Diese kommen vor allem durch das starke Untertreten des Hinterlaufs.

Außerdem kommt es dabei häufig zu Problemen in Schulter und Ellenbogen durch die starke Belastung und teils Überlastung der Vorhand. Sofern in der Hinterhand nicht bereits Probleme wie HD oder ähnliches bekannt sind, kommt es hier in der Regel seltener zu Problemen. Entsprechend sind Schulter und Rücken hier die Bereiche, die bearbeitet werden sollen.

Dreibeinigkeit vorne

Bei einem Hund, der durch das Fehlen eines Vorderlaufs eingeschränkt ist, sind die Probleme ähnlich. Auch hier ist es wichtig, das einzelne Bein nicht zu überlasten und dem Hund durch Training die Möglichkeit zu geben, mehr Gewicht auf die Hinterhand zu verlagern. Dies ist immer eine kleine Gradwanderung, weil es eine veränderte Balance erfordert und andere Gliedmaßen nicht überlastet werden sollten.

Krallenmanagement

Dadurch, dass nicht mehr alle Beine vorhanden sind, kann es sein, dass nicht alle Krallen korrekt abgelaufen werden. Hierbei ist es vor allem bei aktivem Training wichtig, dass darauf geachtet wird, ob besondere Abreibungen stattfinden, ob es zu Fehlstellungen kommt und welche Krallenlänge ideal für den Hund ist. Dabei ist auch wichtig zu beachten, dass die Länge der Krallen die Stabilität des Hundes beeinflusst.

Schwerpunkt- und dadurch Achsenverschiebung

Bei einem Hund, dem beispielsweise der rechte Vorderlauf fehlt, kommt es zu einer Schwerpunktverschiebung und dadurch auch zu einer Achsenverschiebung. Unter dem Begriff Körperachse versteht man zum Beispiel die gedachte Linie vom Schwanz bis zur Nasenspitze. Außerdem kann mithilfe von Körperachsen gut die Stellung der Beine dargestellt werden. Sieht man den dreibeinigen Hund nun stehen, so ist auffällig, dass er – logischerweise – nicht so steht, als hätte er vier Beine, sondern dass er beispielsweise das einzelne Vorderbein nach innen versetzt aufstellt, um unter den Schwerpunkt zu treten. Auch die Hinterbeine können dabei nach außen aufgestellt sein.

Dies ist eine sinnige Kompensation, die den Hund aber ganz besonders beansprucht, da sich auch der Winkel der Gelenke ändert. Gelenke produzieren Gelenkschmiere, wenn sie bewegt werden. Hierbei kommt es aber auch auf den Druck und die Druckpunkte an, die im Gelenk angesprochen werden.

Durch das „nach innen Stellen" der Vorderpfote wird der Schultergürtel mehr beansprucht als sonst. Dies erstreckt sich weiter distal über den Ellenbogen, zum Karpalgelenk und bis in die Zehengelenke, was uns bewusst sein muss. Immer wieder muss individuell abgewogen werden, ob das Ziel ist, den Hund wieder in die „korrekte" physiologische Position zu bringen oder ihn in seiner Kompensationshaltung bestmöglich zu unterstützen.

Durch ein fehlendes Bein verschieben sich die Achsen der Beine. Die Hinterbeine dieses Hundes sind hier breiter aufgestellt und laufen diagonal nach außen dem Boden zu (grüne Linien hinten). So ergibt sich ein festerer, ausbalancierter Stand. Das einzelne Vorderbein muss zwei Beine ersetzen, deshalb ist es unter den Schwerpunkt gestellt und verläuft diagonal nach innen (grüne Linie vorne). Die orangen Linien zeigen, wo normalerweise beide Vorderbeine verlaufen würden.

Trainingsziele

- Entspannung stark beanspruchter Strukturen.
- Die Muskulatur des Hundes kann man sich als Korsett vorstellen, das alles an Ort und Stelle hält und für die Beweglichkeit sorgt. Und gerade Hunde mit körperlichen Beeinträchtigungen neigen eben sehr oft zu Verspannungen. Hierbei ist es nicht unbedingt sinnig, ihnen diese Verspannung zu nehmen und bildhaft gesprochen das Korsett zu lösen, das den Hund stabilisiert. Hier muss genau abgewogen werden, was für den individuellen Hund Sinn macht.
- Umverteilung der Gewichtsaufnahme

- Gegebenenfalls ist eine Umverteilung der Gewichtsaufnahme anzustreben, also eine Änderung dessen, wie der Hund sein Gewicht verteilt, um dieses tragen zu können. Auch hier wird gegen das gearbeitet, was der Hund sich bereits angeeignet hat. Doch die selbst gewählte Kompensation des Hundes muss nicht immer auch die ideale Lösung sein. Gegebenenfalls kann durch Angebote zur besseren Gewichtsverteilung der Hund lernen, auch im Alltag sein Gewicht gleichmäßiger auf die verbleibenden vier Gliedmaßen zu verteilen.

- Stärkung der Haltemuskulatur.

- Diese Muskulatur ist sehr wichtig, da sie dafür sorgt, dass der Hund stehen und sich fortbewegen kann. Aus diesem Grund müssen sich dreibeinige Hunde auch viel bewegen, da sonst eben ein Muskelabbau stattfindet. Auch hier ist es wichtig, ein Mittelmaß zwischen zu wenig Bewegung und zu viel Bewegung zu finden. Überlastung kann zusätzlich zu Lahmheiten führen.

- Erhaltung des Korsetts.

Übungen zur Entspannung

- Entspannung über dem Peanutball
- Anstupsen im Platz

Übungen zur Positionsschulung

Hier geht es wirklich darum, dass Sie verändern möchten, wie Ihr Hund steht und wie er sich bewegt. Möglichkeiten daran zu arbeiten sind:

- Korrektes Stehen
- Gewichtsverlagerung
- Isometrisches Training

Korrektes Stehen

Das korrekte Stehen kann, sofern für den jeweiligen dreibeinigen Hund möglich, gut auf einer Plattform trainiert werden. Diese Plattform dient als Abgrenzung zum Boden, um dem Hund ein Gefühl für seine Position zu vermitteln. Wenn der Hund dies gut beherrscht, kann man die Schwierigkeit steigern und mit Vorder- und Hinterhandtargets arbeiten. Weiterführend kann diese Übung ausgebaut werden, indem mit vier Targets bzw. in diesem speziellen Fall mit drei Targets gearbeitet wird. Hier ist das Ziel, dass der Hund seine Pfoten bewusst einzeln auf die Targets setzt. Hat der Hund dies gelernt und setzt es gut um, können die Targets versetzt werden. Damit können Sie testen, was passiert, wenn man das Target für das einzelne Hinterbein beispielsweise weiter nach hinten legt, sodass der Hund das Bein weniger unterstellt. Dies hilft herauszufinden, ob seine Muskeln und das zuvor angesprochene „Korsett" dies ausgleichen können und ob der Hund die Stabilität dennoch findet.

Eine detaillierte Anleitung zum Plattformtraining finden Sie auf S. 22.

Gewichtsverlagerung

Die Gewichtsverlagerung bietet sich vor allem im Stehen an. Sie kann auch im Liegen erfolgen, was sehr der Übung „Anstupsen im Liegen" ähnelt. Bei der Gewichtsverlagerung geht es vor allem darum, dem Hund klarzumachen, dass er selbst Kontrolle über sein Gewicht und seine Balance hat; dass er seinen Körper nach vorne schieben kann und auch nach hinten. Das kann über die Positionierung auf unterschiedlich hohen Gegenständen erfolgen oder auch über eine Wippe, die der Hund selbständig vor- und zurückbewegt. Dadurch lernt der Hund, dass er sich selbst bewegen und ausbalancieren kann und erlangt Stück für Stück mehr Bewusstsein und Kontrolle über seinen Körper. Die Gewichtsverlagerung kann auch ohne Hilfsmittel durchgeführt werden, doch bei einem speziellen Setting für diese Übung kann der Hund sich bei Wiederholungen mental darauf vorbereiten und weiß immer direkt, welche Übung gleich kommt. Bei allen Übungen können Sie Ihrem Hund auch über die Wertigkeit der Leckerchen ein genaueres Verständnis vermitteln. Wenn Sie zum Beispiel eine Bewegung nach hinten mit einem hochwertigeren Leckerli belohnen als eine Bewegung nach vorne, dann wird der Hund diese eher und freudiger zeigen. Dies eignet sich zum Beispiel bei Hunden mit nur einem Hinterlauf, damit diese nicht vergessen, dass sie auch ihr Hinterbein noch nutzen können.

Übungen zur Kräftigung

- Isometrisches Training
- Balance-Equipment

Isometrisches Training

Wie eingangs ab S. 24 beschrieben, bietet isometrisches Training viele Vorteile. Sie können unterschiedliche isometrische Übungen nutzen, um Ihren dreibeinigen Hund zu stärken. Achten Sie genau auf deren Ausführung. Eine genaue Anleitung finden Sie auf S. 30.

Übungen zur Balance

Balance und Balance-Equipment hat seine Berechtigung, doch hierbei muss beachtet werden: „Die Dosis macht das Gift". Bei den Übungen, die Hunde auf Balance-Equipment ausführen sollen, geht es vor allem darum, dass die Hunde diese auf dem festen Boden bereits perfekt ausführen können. Auch isometrische Übungen können darauf ausgeführt werden, wenn der Hund dies bereits gewohnt ist und weiß, worum es geht. Gerade für dreibeinige Hunde ist Balance umso schwieriger, aber auch wichtiger, denn ohne ein gewisses Maß an Gleichgewicht können sie sich überhaupt nicht fortbewegen. Dennoch ist zu beachten, dass die Flexibilität in Bändern und Sehnen durch wackelige Untergründe verstärkt wird. Daher müssen Sie sich überlegen, ob es vorteilhaft ist, wenn die Bänder und Sehnen flexibel sind, oder ob es nicht besser ist, wenn sie stark und fest sind, weil dies eine gewisse Stabilität bietet.

Bei der Übung mit Balance-Equipment ist daher wichtig zu beachten, ob wirklich die gewünschte Balance trainiert wird, oder ob beispielsweise eventuell gerade das Karpalgelenk sehr flexibel wird. Deshalb ist es wichtig, sich zu überlegen, ob das Training mit Balance-Equipment sinnvoll ist. Und wenn damit gearbeitet wird, dann am besten in Zusammenhang mit Propriozeptions-Übungen oder isometrischen Übungen. Besser als Balance-Equipment eignen sich zum Beispiel feste Wackelbretter, die dem Hund eine feste Standfläche ermöglichen.

Kontinuierliche Überprüfung und Anpassung

Noch wichtiger als bei gesunden Hunden ist bei dreibeinigen Hunden die kontinuierliche Überprüfung, wie sich der Hund entwickelt, ob das, was trainiert wird, auch beim Hund ankommt und den gewünschten Erfolg hat oder ob etwas im Training verbessert werden kann. Dabei stellt sich immer die Frage, was der Hund physisch und psychisch leisten kann. Deshalb muss auch bedacht werden, wie der Hund beispielsweise Übungen ausführt, ob diese stark physiologisch inkorrekt sind und Probleme verursachen, oder ob sie dem idealen Bewegungsablauf nahekommen. Doch bei all dem Training ist auch das mentale Training und die psychologische Gesundheit der Hunde wichtig. Und auch wenn Übungen für den Hund vielleicht nicht ganz ideal sind, der Hund aber viel Spaß und Freude daran hat, dann können Sie dabei ggf. auch ein Auge zudrücken (sofern keine Gefahr für den Hund besteht).

TEIL III

DIE GYMNASTRICKS

AUFBAU UND DURCHFÜHRUNG

Die Auswahl der hier dargestellten Gymnastricks hat sich speziell an deren Praktikabilität orientiert. Es gibt unzählige, tolle Übungen, um gewisse Dinge zu trainieren, allerdings war hier die Prämisse, mit möglichst wenig Equipment einen möglichst großen Effekt zu erzielen. Warum? Gerade für sportlich geführte Hunde ist es wichtig, dass Übungen gut integrierbar sind, sei es auf dem Spaziergang, am Turnierort zum Aufwärmen oder eben im vollgepackten Alltag. Natürlich kann man jeweils viel Equipment mitschleppen, oftmals ist dies aber gar nicht nötig. Denn häufig ist weniger mehr. Und auch Besitzer von kranken Hunden möchten oder können aufgrund der häufig teuren Krankheitsgeschichte nicht auch noch viel Geld in Equipment investieren – so profitieren also alle von dem Ansatz, dass dieses Buch eher Übungen zeigt, die nahezu überall umzusetzen sind.

Für Fans des Gerätetrainings empfiehlt sich das „Praxisbuch Hundefitness" – hier lassen sich viele weitere Ideen finden.

Gleichzeitig ist es wichtig zu erwähnen, dass die hier vorgestellten Übungen keinen Ausschließlichkeitscharakter haben. Es mag weitere passende Übungen geben bzw. nur weil eine Übung nicht unter der jeweiligen Krankheit oder Sportart gelistet ist, heißt das nicht, dass sie kontraproduktiv ist. Die Auswahl der hier beschriebenen Gymnastricks fokussiert sich auf Übungen, die ohne viel Equipment umzusetzen und eher fehlerrobust sind. Die Übungen werden in alphabetischer Reihenfolge dargestellt – wozu sie dienen, können Sie den entsprechenden Übersichtstabellen in Kapitel 4, 5 und 6 entnehmen. Und nun viel Spaß beim Nachturnen.

Baggern

Das Baggern wird so genannt, weil es die Bewegung einer Baggerschaufel nachahmt, die genau den konträren Körperbereich zu dem der Durchtrittigkeit stärkt und dadurch dieser entgegenwirken kann.

Übungsschritte:

1) Ihr Hund sollte bereits Pfote geben können. Für eine bessere Stabilität fragen Sie diese Übung im Sitzen ab und belohnen Ihren Hund dafür.

2) Nun können Sie entweder eine Baggerbewegung frei herausformen, z.B. in dem Sie warten, was passiert, wenn Sie Ihren Hund nicht sofort belohnen. Vielleicht kommt dann ein Nachfassen der Pfote, verbunden mit einer Art Baggerbewegung, also einem Herziehen zum Hund hin. Oder Sie arbeiten mit einem Hilfsmittel, z.B. einem Tannenzapfen oder einem Objekt, das eine gewisse Rundung hat, die idealerweise der Pfotengröße Ihres Hundes entspricht. Dieses Objekt sollte Ihr Hund versuchen aus Ihrer Hand zu baggern, also die Pfote drumherum zu legen und dann nach hinten unten wegzuziehen.

3) Markern Sie bereits erste Ansätze des Endverhaltens.

4) Hat Ihr Hund verstanden, worum es geht, wird sich das Verhalten verstärken und genau das möchten Sie.

5) Sie können das Verhalten nun unter Signalkontrolle setzen.

Beispielfotos siehe nächste Seite.

Die Anfänge des Baggerns. Hier fehlt noch etwas Zug auf das Objekt …

… der hier schon ersichtlich wird.

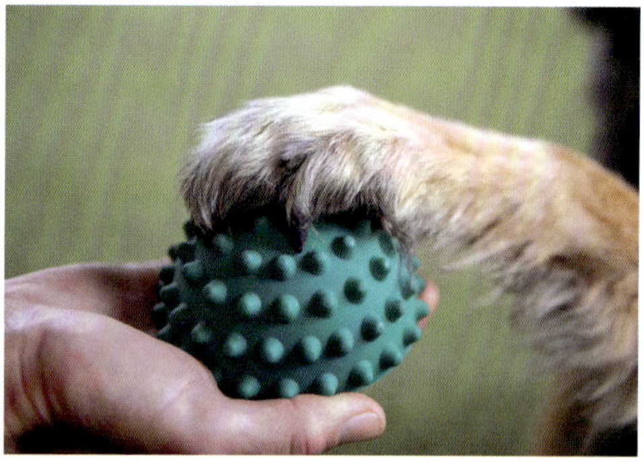

Lassen Sie sich zunächst einfach die Pfote auf ein Objekt geben und formen Sie dann die charakteristische Baggerhaltung heraus.

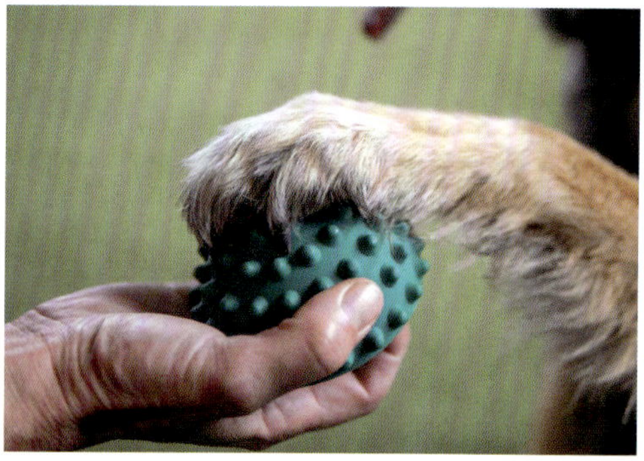

Diese Pfotenhaltung ist ideal für das Baggern.

Bewusstes Rückwärtslaufen

Das bewusste Rückwärtslaufen sollte mit einem geraden Rücken und bewusstem Setzen der Hintergliedmaßen einhergehen. Es liegt in der Natur der Sache, dass das Hüten eine sehr vorderhandlastige Bewegung ist. Beim Rückwärtsgehen geht es hier um eine Fokusverschiebung.

Übungsschritte:

1) Platzieren Sie eine Matte vor Ihrem Stuhl, und zwar so, dass der Abstand in etwa der Körperlänge Ihres Hundes entspricht. Ihr Hund sollte, wenn er direkt vor Ihnen stehen würde, automatisch mit seinen Hinterpfoten auf der Matte stehen.

2) Holen Sie nun Ihren Hund dazu, setzen sich auf den Stuhl und locken Ihren Hund direkt vor sich. Justieren Sie ggf. die Matte nach.

> ***Achtung:*** *Wählt Ihr Hund den Weg nach vorne, haben Sie vermutlich das Leckerli zu weit vorn deponiert. Abhilfe können Sie dadurch schaffen, dass Sie den vorderen oder seitlichen Ausweg blockieren, z. B. mit Kissen. Füttern Sie Ihren Hund, während seine Hinterpfoten auf der Matte stehen.*

3) Jetzt deponieren Sie ein Leckerchen unter dem Stuhl, und zwar so, dass Ihr Hund mit beiden Hinterpfoten von der Matte gehen muss, um daranzukommen. Jetzt wird es spannend:

4) Halten Sie Clicker und Leckerchen bereit und passen Sie den Moment ab, indem sich Ihr Hund wieder rückwärts aus seiner Position begibt und somit automatisch auf die Matte treten „muss".

5) Wiederholen Sie diesen Ablauf mindestens zehn Mal.

6) Verändern Sie jetzt die Entfernung des Stuhles von der Matte. Wichtig: die Matte bleibt als Ziel für den Hund immer am gleichen Ort! Gehen Sie kleinschrittig vor, sodass Ihr Hund zunächst nur einen kleinen Schritt mehr machen muss. Clicken und belohnen Sie das Erreichen der Matte und füttern Sie Ihren Hund ausschließlich dort, auch wenn das im weiteren Verlauf bedeutet, dass Sie aufstehen müssen.

7) Haben Sie sich mindestens eine Körperlänge von Ihrem Hund entfernt und er sucht dennoch zielstrebig und flüssig die Matte auf, können Sie damit beginnen, ein Wortsignal einzubauen.

8) Vergrößern Sie den Abstand immer mehr und bereiten das Ausschleichen des Stuhles vor, indem Sie sich immer mehr auf dessen Kante setzen, um irgendwann aufzustehen.

9) Irritiert dies Ihren Hund nicht, können Sie nach zwei bis drei Wiederholungen mit Targetmatte dazu übergehen, diese für ein bis zwei Versuche wegzunehmen, um sie dann wieder hinzulegen. So arbeiten Sie sich langsam dazu vor, dass Ihr Hund ohne Hilfe selbständig rückwärts geht.

WICHTIG!

Neigt Ihr Hund dazu, schief rückwärts zu laufen, können Sie dem durch entlang des Laufwegs gelegte Stangen vorbeugen. Clicken Sie zudem konsequent nur dann, wenn beide Hinterpfoten auf der Matte stehen. Belohnen Sie außerdem nicht immer aus der einen Hand, sondern benutzen beide Hände zur Leckerligabe auf der Matte, um einseitiger Erwartungshaltung vorzubeugen. Ein schräges Rückwärtslaufen kann viele Gründe haben: Vielleicht hat Ihr Hund nur eine Lieblingsseite, wie wir beispielsweise ein Lieblingsbein beim Absprung haben. Es kann aber auch auf einseitig stärker bzw. schwächer ausgeprägte Muskeln zurückzuführen sein. Prüfen Sie also in Ihrem sonstigen Training, ob Sie Ihrem Hund viele Übungen abverlangen, die seine Muskulatur einseitig belasten und wirken Sie dem entgegen, indem Sie in Zukunft beide Seiten trainieren. Prüfen Sie weiterhin, ob Ihr Hund unter Verspannungen oder Problemen des Bewegungsapparates leidet.

Bewusstes Steh

Für Neulinge:

Übungsschritte:

1) Legen Sie zunächst zwei große Targets bereit, ohne dass Ihr Hund im Raum ist. Beide Targets sollten Sie direkt nebeneinander legen. Diese Targets stellen die Targets für die Hinterpfoten Ihres Hundes dar und sollten so groß sein, dass Ihr Hund entspannt darauf stehen kann.

2) Holen Sie nun Ihren Hund dazu. Er wird direkt Interesse an den Objekten auf dem Boden zeigen. Führen Sie ihn von hinten in gerader Linie über die Targets und clicken Sie, wenn er sie mit den Hinterpfoten berührt. Zunächst ist es in Ordnung, wenn nur eine Pfote die Targets berührt. Füttern Sie Ihren Hund in dieser Position.

3) Führen Sie ihn wieder über die Targets, clicken Sie jetzt nur, wenn beide Hinterpfoten die Targets berühren. Füttern Sie Ihren Hund in dieser Position und wiederholen Sie diese Teilübung mehrmals.

4) Jetzt kommen die Vorderpfoten-Targets ins Spiel. Legen Sie diese entsprechend der Körperlänge Ihres Hundes so vor die Hinterpfotentargets, dass Ihr Hund entspannt darauf stehen kann. Führen Sie Ihren Hund wieder von hinten über die Targets. Clicken Sie erst bei einer Berührung der vorderen Targets mit den Vorderpfoten, eine Vorderpfote reicht zunächst aus. Füttern Sie Ihren Hund hier.

5) Clicken Sie nun erst für beide Vorderpfoten. Somit sollte Ihr Hund mit allen vier Pfoten auf den vier zusammengeschobenen Targets stehen. Für den vollen Effekt trainieren Sie unter „Für Fortgeschrittene" weiter.

Gerade in der Fußarbeit stehen viele Hunde etwas untergestellt, da sie unter Spannung sind. Hier wurde versucht, mit einer Plattform zu arbeiten – Febee steht jedoch immer noch nicht korrekt.

Das Stehen auf zwei einzelnen Plattformen hilft Febee dabei, sich korrekter zu stellen.

Für Fortgeschrittene:

Übungsschritte:

1) Positionieren Sie die Hinterpfoten-Targets mit gewissem Abstand, und zwar so, dass Sie dem Abstand der Pfoten Ihres Hundes entsprechen. Gehen Sie nun wie oben beschrieben vor und arbeiten sich über die Hinterpfoten bis zu den Vorderpfoten vor. Clicken Sie wirklich nur für ein bewusstes Setzen der Pfoten. Dies kann einige Zeit dauern, werden Sie nicht ungeduldig und helfen Sie Ihrem Hund durch erneutes Hinführen nur im Notfall. Diese Übung erfordert höchste Konzentration und Koordination.

2) Schafft Ihr Hund die auseinandergeschobenen Hinterpfotentargets, erweitern Sie die Übung um die Vorderpfotentargets. Schritt für Schritt lernt Ihr Hund nun, alle seine vier Pfoten zu positionieren.

3) Hat Ihr Hund das Konzept verstanden, können Sie ein Wortsignal einführen, das

Sie sagen, kurz bevor Ihr Hund die Übung eigenständig beginnt.

4) Beginnen Sie jetzt, die Targets immer kleiner werden zu lassen, benutzen Sie dünnere Bücher, bis Sie zu Papier übergehen. Dieses schneiden Sie dann immer kleiner.

5) Um die Targets auszuschleichen, starten Sie die Übung mit den geschrumpften Targets und nehmen unmerklich zunächst einzelne Targets weg, bis Sie alle entfernen können und Ihr Hund auf Ihr Wortsignal seine Pfoten bewusst in eine gerade Steh-Position bringt.

Perfektes Stehen auf vier Pfotentargets. Diese Übung ist zwar anspruchsvoll, aber so nützlich!

Bucket Game

Das Bucket Game schließt nicht nur das korrekte Halten einer Position ein, sondern auch eine Kooperationseinwilligung. Für das isometrische Training ist das von Chirag Patel populär gemachte Konzept Gold wert.

Das Bucket Game ist eine Übung, bei der Ihr Hund dafür belohnt wird, dass er sich auf einen Behälter („Bucket"), also seine Leckerlischüssel, konzentriert. Er wird auch aus dieser Schüssel belohnt. Und zwar dafür, dass er den Blick zur Schüssel wendet und seine Position hält.

Spannend ist, dass Sie – wenn Sie das Bucket Game Schritt für Schritt etablieren – erkennen können, dass die Konzentrationsspanne Ihres Hundes zu Ende ist oder die Ablenkung um ihn herum zu groß wird. Das zeigt Ihr Hund dadurch, dass er sich von der Futterschüssel abwendet. Nehmen Sie dieses Kommunikationsangebot Ihres Hundes wahr und übergehen es nicht. Holen Sie ihn aus der Situation bzw. stoppen die momentane Übung. Aufgrund dieser Mitteilungsmöglichkeit wird das Bucket Game unter anderem auch im Medical Training sehr gerne als Kooperationssignal genutzt, zum Beispiel für Dinge wie Fiebermessen, Ohrenuntersuchung oder Augentropfen geben, die oftmals unangenehm sind. So können die Hunde aktiv zeigen, wie lange ein Durchführen der Maßnahme zumutbar ist.

Anfassen, Druck oder Zug aufbauen ist ebenfalls ein eingreifendes Verhalten Ihrerseits. Mit diesem Bewusstsein können Sie feinfühliger mit Ihrem Hund arbeiten.

Zudem ist das Bucket Game auch insofern nützlich, dass es einen Fixpunkt nach vorne bietet und Sie selbst rund um den Hund arbeiten können, sich also freier bewegen können. Sollte Ihr Hund das Bucket Game noch nicht kennen, müssen Sie es getrennt von der Annäherung und tatsächlichen Berührung aufbauen.

Zunächst wird beim Bucket Game eine Position aufgebaut, z. B. das Stehen. Diese können Sie im weiteren Verlauf durch andere Positionen ersetzen. Das Ziel ist immer ein Hund, der sich nicht bewegt. Im Idealfall bedeutet das Bucket Game für Ihren Hund: „Fokussiere dich auf den Futterbehälter, währenddessen passiert etwas und du wirst belohnt. Hörst du auf, dich zu fokussieren, hört dein Mensch mit dem auf, was er tut."

Übungsschritte:

1) Halten Sie einen „Bucket", also einen kleinen Napf oder eine Schüssel bereit, in den Sie Leckerlis befüllen. Zusätzlich können Sie hier mit dem statischen Keep-Going-Signal arbeiten, wenn dies etabliert ist, ansonsten nutzen Sie Clicker oder Lobwort.

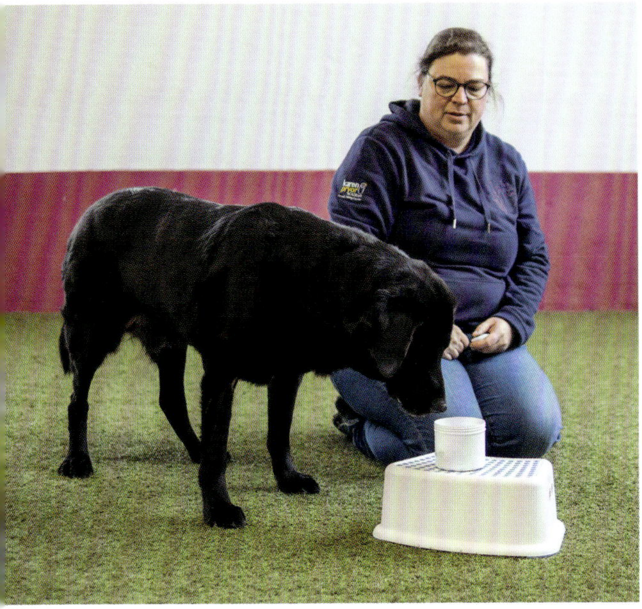

Für das Anschauen eines „Buckets" gefüllt mit Leckerchen erhält Senior Cooper eben diese direkt aus dem Behälter. Mit der Zeit kann man die Dauer des Anschauens erhöhen.

2) Naturgemäß wird Ihr Hund an der Schüssel interessiert sein. Dieses Interesse clicken Sie und füttern ihn aus der Schüssel.

3) Vermeiden Sie unbedingt negative Einwirkungen wie „na" oder „nein" – wählen Sie den Abstand zwischen Hund und Schüssel so, dass Ihr Hund es schaffen kann, nur zu schauen.

4) Bewegen Sie die Schüssel nach rechts oder nach links, nach oben und nach unten. Clicken Sie den Blickkontakt zur Schüssel und füttern hier heraus.

5) Gehen Sie nun Schritt für Schritt dazu über, die Schüssel in erreichbarer „Klau-Nähe" Ihres Hundes zu platzieren. Belohnen Sie ihn kleinschrittig für das geduldige Warten.

6) Das Ziel der Übung ist ein an sich regungsloser Hund, der nur mit dem Kopf der Schüssel folgt. Haben Sie dies beim Training im Kopf und helfen Ihrem Hund ggf. zunächst durch ein zusätzliches Signal oder eine optische Hilfe wie die Plattform.

7) Generalisieren Sie das „Bucket Game" an unterschiedlichen Orten und in unterschiedlichen Positionen.

Buddeln

Übungsschritte:

1) Halten Sie Clicker und Leckerlis bereit, wenn Sie sich mit einer Decke in der Hand Ihrem Hund nähern.

2) Legen Sie Decke zusammengeknüllt ab und begleiten Sie dieses Ablegen verbal, sodass das Interesse Ihres Hundes geweckt wird. Clicken Sie bereits das erste Interesse Ihres Hundes und legen Sie das Leckerli auf die Decke.

3) Warten Sie ab, ob Ihr Hund von sich aus eine Aktion mit seinen Pfoten in Richtung Decke zeigt, wenn ja clicken und belohnen Sie dies. Wenn nein, helfen Sie Ihrem Hund, indem Sie auf die Decke zeigen beziehungsweise selbst mit Ihren Händen Buddelbewegungen nachahmen. Gegebenenfalls kann es auch helfen, Leckerchen unter der Decke zu verstecken, allerdings tendieren einige Hunde dazu, dann vor allem ihre Nase einzusetzen.

4) Konnten Sie erste Buddelbewegungen einfangen, halten Sie den Click und die Belohnung zunächst zurück. Daraufhin wird Ihr Hund intensiver oder länger buddeln – genau das möchten wir erreichen. Clicken und belohnen Sie Ihren Hund.

5) Führen Sie ein Wortsignal ein, wenn Ihr Hund das Konzept verstanden hat. Da die meisten Hunde sehr gerne buddeln, dürfte dieser Zeitpunkt recht schnell eintreten.

6) Übertragen Sie das Buddeln dann zunächst auf eine andere, kleinere Decke, auf einen Teppich oder nach draußen, bis Ihr Hund auch objektunabhängig buddelt.

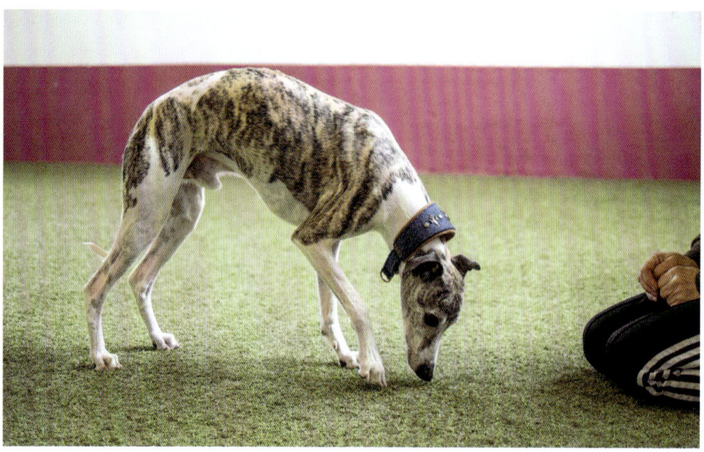

Harley zeigt eine kontrollierte Buddel-Bewegung bereits ohne HIlfsmittel und nur auf Wortsignal.

Cavaletti-Training

Um mit Cavaletti zu trainieren, gibt es verschiedene Möglichkeiten. Zum einen koordinatives und Kraft-Cavaletti-Training, wobei die Hunde im Schritt über die Stangen gehen und die Pfoten hoch heben. Die Cavaletti sind dabei hoch und eng gestellt. Zum anderen geht es um Rhythmik und Gangschulung, wobei die Cavaletti weit auseinander stehen und tief eingestellt sind. Dies führt dazu, dass der Rücken schwingt und der Hund lernt, schön weit nach vorne zu treten. Dies führt zu einer guten *Range of Motion,* wobei die Gelenke endgradig bewegt werden. Hierbei empfiehlt es sich, nicht mit dem größtmöglichen Abstand zu beginnen, der sich für den Hund eignet, sondern man kann kleinschrittig das Training ausbauen. Das Cavaletti-Training ist sehr anstrengend und regt vor allem den langen Rückenstrecker und die schräge Bauch- bzw. Rückenmuskulatur an. Eine weitere Möglichkeit, das Cavalettitraining in das Training Ihres Hundes einzubinden, sind koordinative Aufgaben.

Cavaletti (Koordination)

Stangenmikado:

- Die Cavaletti-Stangen liegen kreuz und quer, d. h. Ihr Hund muss sich sehr konzentrieren und koordinieren. Gerade unruhigen oder jungen Hunden tut diese Variante sehr gut, um sich selbst bewusster zu werden.

Treppenform:

- Bei dieser Variante muss Ihr Hund sich unwillkürlich biegen. Diese Flexion der Wirbelsäule erfordert eine erhöhte Koordinationsleistung.

Sternform:

- Die Sternform arbeitet mit spitzen Winkeln und erschwert die Anforderungen nochmal im Vergleich zur Treppenform.

Liegende Acht über Stange:

- Hier ist ein sehr enges Umwickeln der Cavaletti-Pylonen nötig und gleichzeitig ein Überschreiten der Stange in deren Mitte. Vorsicht bei hibbeligen Hunden, diese Übung verleitet zu schnellem Abarbeiten, ein Effekt, der bewusst nicht gewollt ist.

Unterschiedliche Abstände:

- Unterschiedliche Abstände ansonsten parallel angeordneter Cavaletti führen zu einem großen Konzentrations- und Koordinationsaufwand. Wichtig ist dabei, dass Ihr Hund schon gut ausbalanciert ist, sonst ist diese Variation zu anstrengend.

Quadrat:

- Auch beim quadratischen Aufbau der Cavalettistangen ergeben sich sehr viele Variationsmöglichkeiten, insbesondere können Sie z. B. außen herum Kreis laufen o. Ä.

Hoch / tief:

- Bei dieser Variante sind die Cavaletti abwechselnd hoch und niedrig gesteckt, ggf. noch innerhalb einer Stange schräg rechts im hohen Loch und links im tiefen. So sucht sich Ihr Hund seinen geschicktesten Weg.

Arbeit mit einzelner Stange:

- Das gezielte Setzen einzelner Pfoten kann sowohl vorwärts / rückwärts, als auch seitlich geübt werden.

Kombination mit dem Elefantentrick:

- Kombinieren Sie die Cavaletti-Arbeit auch mit einem Vorderhandtarget, so ergibt sich eine weitere koordinative Schwierigkeit. Gerade das Mitdrehen der Vorderhand bei gleichzeitigem Übersteigen der Stangen sorgt für Hinterhandaktivierung.

Hooley ist bereit für den Elefantentrick mit Stangenübersteigen. Die Stange ist mit Klebeband gesichert. Achten Sie immer darauf, dass die Stangen nicht wegrollen können.

Febee zeigt das Anheben einer Hinterpfote über eine einzelne Stange.

Gerade jungen Hunden wie Lilo hilft es, wenn man einfach Kekse auf den Boden streut und sie die Cavalettistangen erst einmal so wahrnehmen dürfen.

Cavaletti (Schrittverlängerung)

Ziel des Schrittverlängerungs-Cavaletti ist es, den Raumgriff Ihres Hundes zu verbessern und seinen Rhythmus zu schulen. Für die Gelenke ist das sehr vorteilhaft, da sich die sogenannte *Range of Motion* vergrößert, also auch Bereiche im Gelenk angesprochen werden, die im Alltag nicht benötigt werden, was zu einer Erhöhung der Gelenkschmiereproduktion führt und alles wortwörtlich schön geschmeidig hält.

Trainingsaufbau: Achter um Pylone

1) Ermitteln Sie zunächst den optimalen Stangenabstand, indem Sie vom oberen Schulterblattrand bis zum Boden messen, also das Stockmaß Ihres Hundes bestimmen.

2) Da Sie eine Orientierung nach vorne weg erzielen möchten, nutzen Sie zwei Pylonen und etablieren zunächst das Laufen einer Acht um diese beide herum.

3) Belohnen Sie dabei das ruhige, konzentrierte Laufen und arbeiten mit zunächst noch eng beieinander stehenden Pylonen.

4) Wenn Ihr Hund in gleichmäßigem Trabtempo von Pylone A zu Pylone B läuft, bauen Sie eine Stange mittig ein, dann 2, dann 4 und am Ende 6 Stangen.

5) Die Stangenhöhe sollte die Höhe des Sprunggelenkes Ihres Hundes nicht überschreiten (unterste Stufe der Pylone, im Zweifel Pylone umlegen). Ihr Hund sollte dabei im lockeren Trab über die Stangen gehen und keinesfalls springen.

6) Schritt für Schritt können Sie nun versuchen, den Abstand der Cavalettistangen zu erhöhen. Deswegen sollten diese auch so niedrig wie möglich liegen, denn nur dann können Sie sie maximal auseinanderziehen.

7) Berührt Ihr Hund die Stangen, kann das ein Zeichen von Ermüdung oder zu großem Abstand sein. Verringern Sie den Abstand dann wieder bzw. legen eine Pause ein.

Ryva zeigt hier schon im Aufbau einen raumgreifenden Trab in Richtung der Pylone.

Need for speed – Ryva legt sich selbst komplett in die Kurve: So viel Geschwindigkeit kann im Cavalettitraining kontraproduktiv sein.

Alternativ können Sie mit Bodentargets arbeiten. Bodentargets haben eine Stop-and-Go-Bewegung inne, die aber bei manchen Hunden sinnig sein kann, die z. B. beim Umrunden der Pylonen zu viel Geschwindigkeit aufnehmen würden. Und das bewusste Überschreiten der Stangen liegt ja im Fokus.

Cora zeigt einen schönen Fokus nach vorne und einen tollen Trab.

Trainingsaufbau: Bodentargets

Der Trainingsaufbau mithilfe von Bodentargets ist sehr gut geeignet, wenn Sie einen eher ruhigeren Hund haben, der von sich aus nicht schnell rennt. Das grundsätzliche Ziel ist, dass Ihr Hund von Target zu Target trabt und dabei den Blick nach vorne gerichtet hat.

1) Trainieren Sie zunächst das Laufen von Target zu Target ohne Stange. Oftmals werden die Stangen zu früh in die Trainingsschritte eingebaut. Wenn Sie Ihr Training jedoch kleinschrittig gestalten, schleichen sich nicht so viele Fehler ein.

2) Zu Beginn stehen Sie seitlich des Targets und die Belohnung erfolgt zunächst auf dem Target.

3) Der Click erfolgt in dem Moment, in dem der Hund seinen Blick auf das Target richtet und dieses gerade anläuft. Wählen Sie zunächst einen geringen Targetabstand, beispielsweise von circa zwei Metern.

4) Im nächsten Schritt können Sie eine am Boden liegende Stange hinzufügen. Ihr Hund trabt nun von Target zu Target geht über die am Boden liegende Stange. Sichern Sie die Stange so, dass diese nicht wegrutschen kann.

5) Dann können Sie beginnen, die Targets weiter auseinanderzunehmen. Gelangen Sie im Training an einen Punkt, indem sich Ihr Hund zu schnell bewegt, können Sie die Targets wieder etwas mehr aufeinander zu bewegen.

6) Ein geringer Targetabstand beugt Galoppsprüngen vor. Klappt die Übung mit einer am Boden liegenden Stange gut, können Sie die Stange erhöhen.

7) Erst dann erhöhen Sie in weiteren kleinen Schritten die Anzahl der Stangen. Und dann können Sie den Abstand der Targets weiter vergrößern.

Der Vorteil dieser Methode ist gleichzeitig auch ihr Nachteil: Die Stationierung des Hundes auf dem Target. Ein Vorteil besteht darin, dass ihr Hund auf dem Target stehen bleibt und Sie die Möglichkeit haben, Dinge umzubauen oder zu variieren. Er läuft erst dann wieder los, nachdem Sie ihn wieder losschicken. Ein Nachteil dieser Methode kann darin bestehen, dass bei sehr schnell arbeitenden Hunden die Belastung auf der Vorderhand durch schnelles Arbeiten und damit einhergehendes abruptes Abstoppen relativ groß werden kann. Die Bodentargets bieten Ihrem Hund allerdings auch ein Ziel. So können Sie ihn auch unabhängig von sich wegschicken, ohne dass der Hund sich zu Ihnen orientiert und dadurch schief in der Wirbelsäule wird. Und der Stopp auf dem Target hilft Ihnen auch, wenn Sie etwas mehr Kontrolle in der Übung benötigen.

Cavaletti (Kraft)

Um in den Kraftbereich zu gehen, sodass Ihr Hund richtiggehend nach oben schreitet, müssen Sie die Stangen sehr eng (ca. eine Handbreit zwischen den Pylonen) und ein Loch in der Pylone (mindestens zwischen Sprunggelenk und Knierückenbeuge) höher stellen. Der Hund geht kontrolliert im Schritt.

Diese Variante ist sehr anstrengend, sowohl mental als auch physisch und sollte nicht oft wiederholt werden. Stellen Sie die Cavaletti zunächst in gerader Linie. Funktioniert dies, können Sie sich der Übungen aus dem Koordinationsbereich bedienen.

An Allys Ausführung kann man erahnen, wie anstrengend Kraft-Cavaletti für den Hund sein müssen.

Elefantentrick und Seitwärtsgehen

Der Elefantentrick ist eine tolle Übung, um den Hund auf die Winkel beim Fußlaufen vorzubereiten und seine Hinterhand zu aktivieren. Aus dem Elefantentrick lässt sich auch das Seitwärtsgehen formen. Dies fordert und fördert in besonderem Maße die Koordination und Beweglichkeit des gesamten Rumpfes. Hat Ihr Hund Mühe, diese Übung zu erlernen, deutet dies nicht selten auf Verspannungen hin.

Hilfsmittel: kleiner Hocker, umgestülpter Blumentopf o. Ä., auf dem Ihr Hund bequem mit beiden Vorderfüßen stehen kann.

Übungsschritte:

1) Stellen Sie den Hocker erst auf den Boden, wenn Sie sich schon mit Clicker und Leckerlies bewaffnet haben. Clicken Sie jegliches Interesse an diesem neuen Objekt und Ihr Hund wird recht zügig versuchen, seine Pfoten auf den Hocker zu stellen. Diesen Moment belohnen Sie großzügig, Ihr Hund verbleibt dabei auf dem Hocker. Sollte Ihr Hund nicht mit den Pfoten auf dem Hocker stehen möchten, prüfen Sie, ob er wackelt und helfen Sie Ihrem Hund ggf. mit dem Handtarget.

2) Begeben Sie sich direkt vor Ihren Hund, der sich noch mit seinen Vorderpfoten auf dem Hocker befindet und bieten Sie Ihm den Handtarget auf Schnauzenhöhe mittig Ihres Körpers an. Wiederholen Sie dies mindestens fünf Mal.

3) Jetzt können Sie anfangen, sich langsam um den Hocker herum im Kreis zu bewegen. Zunächst nur minimal, sodass Ihr Hund nur den Kopf zur Seite recken muss. Dies clicken und belohnen Sie.

4) Jetzt bewegen Sie sich etwas weiter von Ihrem Hund weg, allerdings in der gleichen Richtung wie zuvor. Halten Sie den Handtarget mittig vor Ihren Körper. Ihr Hund muss sich nun aktiv etwas drehen. Dabei ist es wichtig, dass Sie die Bewegung der Hinterhand clicken. Schauen Sie dazu am besten auf den Hintern Ihres Hundes. Sobald sich dieser seitwärts bewegt, clicken und belohnen Sie Ihren Hund. Ihr Hund sollte nun wieder gerade ausgerichtet vor Ihnen stehen. Wiederholen Sie dies häufig.

***Achtung:** Bewegt sich die Hinterhand Ihres Hundes nicht, helfen Sie ihm, indem Sie Ihre Targethand in Richtung seiner Schulter führen. Dieser Bewegung sollte er folgen und muss somit unwillkürlich seine Hinterbeine bewegen. Clicken und belohnen Sie dies mehrmals und üben Sie beide Richtungen.*

5) Klappt diese Übung in eine Richtung, machen Sie sich nun direkt an die andere Seite und gehen Sie analog Punkt 3.) und 4.) vor.

6) Macht es Ihrem Hund keine Mühe, Ihnen in beide Richtungen zu folgen, belohnen Sie jetzt erst nach zwei oder mehr Schritten. Variieren Sie Richtung und Belohnungsrate.

7) Folgt Ihr Hund Ihnen flüssig mehrere Schritte in beide Richtungen, wird es Zeit das Wortsignal für das Seitwärtsgehen einzuführen. Idealerweise wählen Sie zwei Wortsignale, eines für seitwärts nach rechts und eines für seitwärts nach links. Sagen Sie Ihr Wunschsignal für eine Seite, bevor Sie sich bewegen. Erst dann starten Sie die Bewegung und belohnen Ihren Hund für ein Folgen dieser. So wird er schrittweise das Signal mit der Bewegung verknüpfen und Ihnen bald vorgreifen.

8) Jetzt wird es interessant: Übertragen Sie das Signal und die Übung auf einen Übungsaufbau ohne Hilfsmittel. Konkret bedeutet dies: Sie fragen zunächst die Übung wie gewohnt mit Hocker ab, lassen diesen dann zügig verschwinden und stellen sich wieder vor Ihren Hund, als ob der Hocker noch da wäre. Fragen Sie jetzt Ihre beiden Signale ab, indem Sie sich – wie mit Hocker – stückchenweise drehen. Belohnen Sie Ihren Hund hierbei kleinschrittig, denn Sie haben die Schwierigkeit erhöht, indem Sie ihm ein Hilfsmittel entzogen haben. Scheint Ihr Hund Schwierigkeiten mit diesem direkten Übergang zu haben, bedienen Sie sich eines flacheren Gegenstandes, den Sie bis auf ein Mousepad reduzieren und gehen Sie wieder einen Schritt im Übungsaufbau zurück.

9) Ist Ihr Hund so weit, dass er sich mit Ihnen mitdreht, egal in welche Richtung und wie weit, können Sie jetzt mit der tatsächlichen Seitwärtsbewegung beginnen. Erst jetzt ist Ihr Hund sich nämlich der vollen Funktionstüchtigkeit seines Hinterteils bewusst.

10) Entscheiden Sie sich zunächst für eine Richtung und beginnen Sie den Trick wie zuvor. Anstatt sich im Kreis zu drehen, bewegen Sie sich jedoch minimal seitlich. Helfen Sie Ihrem Hund im Zweifelsfall mit dem Handtarget, er dürfte eigentlich aber verstanden haben, um was es geht. Clicken und belohnen Sie hierbei wieder seine Hinterhandbewegung und freuen sich riesig mit ihm, wenn er das Konzept verstanden hat.

11) Testen Sie nun mehrere, auch größere Schritte, sowie die andere Richtung. Fertig!

Achtung: *Achten Sie auf die Hinterhand Ihres Hundes! Einige Hunde werden sehr breit, andere stellen die Hinterhand zu eng unter. Beides deutet darauf hin, dass Ihr Hund diese Übung muskulär noch nicht halten kann. Achten Sie deswegen unbedingt hierauf, filmen sich, arbeiten mit einem Spiegel oder einer Hilfsperson. Trainieren Sie dann nur so lange, wie die Hinterhand korrekt mitarbeiten kann. Ihrem Hund können Sie die Stellung der Hinterhand z. B. durch eine Barriere bewusstmachen.*

Gerade bei Hunden, die alles richtig machen möchten oder eine hohe Erregungslage haben, sieht man den Elefantentrick häufig wie auf diesem Bild. Die Hinterhand des Hundes ist hierbei aber untergestellt und zu nahe am Schemel. Trainieren Sie Ihren Hund in dieser Fehlhaltung nicht weiter, sondern schaffen z. B. durch einen Reifen eine Barriere …

… oder begeben Sie sich auf Augenhöhe.

Früher dachte man, dass eine Erhöhung der Vorderhand automatisch eine Gewichtsverlagerung nach hinten hervorruft. Panda demonstriert eindrücklich, dass dem nicht so ist.

Hier sieht man schön, wie der Elefantentrick die Hinterhand aktiviert und zu ihrem Öffnen beitragen kann.

Das Seitwärtsgehen kann auch mithilfe eines Kinder-Schwebebalkens geübt werden, entweder frontal …

… oder neben dem Menschen.

Feetpuzzle

Das Übergehen des Feetpuzzles ist ein sensomotorischer Anreiz für Ihren Hund. Dies können Sie, sofern Ihr Hund es bereits kennt, sehr einfach mit anderen Übungen, z.B. im Cavalettitraining oder bei Vito's Game kombinieren.

Übungsschritte:

1) Lassen Sie Ihren Hund ruhig direkt beim Aneinanderpuzzlen der Teile anwesend sein und belohnen Sie direkt sein Interesse.

2) Clicken und legen Sie die Leckerchen zunächst direkt auf die Matten.

3) Kreiieren Sie dann einen Trainingsloop, indem Sie das einzelne Setzen von Pfoten clicken, die Leckerchen etwas herunterkullern, sodass Ihr Hund beim Fressen die Matten wieder verlassen muss. Nun können Sie das erneute Begehen wieder clicken.

Idealerweise sollte der Fokus Ihres Hundes nach unten gerichtet sein. Legen Sie deswegen lieber Leckerchen direkt auf die Feetpuzzle anstatt Ihren Hund – wie im Bild gezeigt – mit dem Fokus nach oben über die Feetpuzzle zu führen.

Gestrecktes Sitz

Als Vorbereitung für die Fußarbeit ist diese an die Grundposition angelehnte Übung sehr sinnvoll.

Dabei soll ein kleines Wippen im Sitzen erfolgen. Durch das Anstupsen des Handtargets, aber das Sitzenbleiben der Hinterhand findet eine Streckung der Nacken- und Rückenmuskulatur statt. Beides brauchen Sie für die Fußarbeit, im speziellen für die Grundstellung. Wichtig ist dabei, dass Ihr Hund korrekt sitzt, also die Hinterbeine eng am Körper anliegen und weder Knie noch Hüfte nach außen zeigen, sondern parallel anliegen.

Damit Ihr Hund ein korrektes Sitz zeigt, hilft oftmals eine Plattform in der entsprechenden Größe. Hier ist Johnnys Hinterpfote abgerutscht. Das macht nichts. Die Korrekturbewegung nach oben kann die Hinterhandmuskulatur stärken und so zukünftigem inkorrekten Sitz vorbeugen.

Übungsschritte:

1) Etablieren Sie zunächst ein korrektes Sitz. Hier kann eine Plattform helfen, die genau so groß ist, dass Ihr Hund nur korrekt darauf sitzen kann. Alternativ helfen auch seitliche Begrenzungen. Zunächst sind einzelne Sekunden korrektes Sitz Ihr Ziel. Belohnen Sie schnell und häufig. Erst wenn das korrekte Sitz klappt, gehen Sie zum nächsten Punkt.

2) Lassen Sie Ihren Hund neben sich sitzen.

3) Bieten Sie ihm jetzt die Targethand an und achten darauf, dass er beim Berühren dieser sitzenbleibt. Halten Sie Ihre Hand also direkt über seinen Kopf, sodass er keinen Vorwärtsdrang verspürt. Das Berühren der Hand clicken und belohnen Sie.

4) Führen Sie nun Ihre Hand auf einer gedachten Linie zischen Schwanzansatz und Nasenspitze Stück für Stück nach

oben. Clicken und belohnen Sie das Berühren jedes Zwischenhaltes Ihrer Hand.

5) Versuchen Sie Ihre Hand so hochzuführen, dass Ihr Hund nicht nur komplett den Kopf in den Nacken legen und sich somit im Halsbereich enorm strecken muss, sondern achten Sie auf seine Vorderpfoten. Er sollte diese auch strecken, sozusagen nur noch auf den Zehenspitzen sitzen. Achten Sie darauf, dass Ihr Hund hinten korrekt sitzt, also die Hinterbeine nicht nach außen dreht, sondern diese eng am Körper anliegen. Dreht er die Hinterbeine nach außen, unterbrechen Sie die Übung kurz und setzen Ihren Hund neu an.

6) Verlängern Sie die Dauer dieses Sitzens. Achtung, diese Übung ist anstrengend und kann Muskelkater nach sich ziehen, bitte nicht übertreiben.

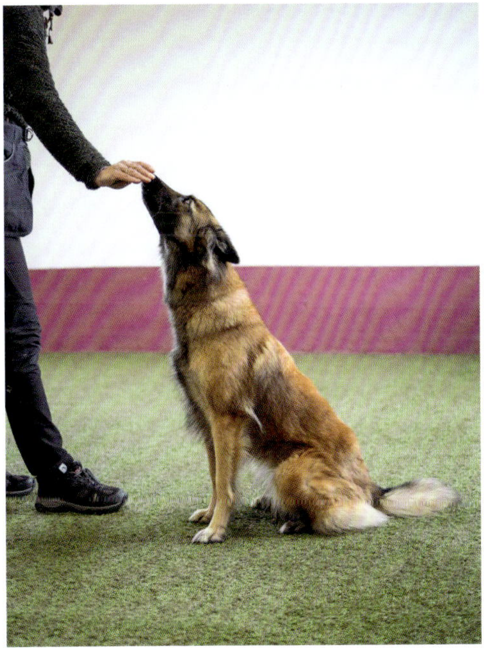

Febee zeigt hier ein schönes gestrecktes Sitz.

Beim Füttern passiert es oft, dass Ihr Hund seinen Kopf verdreht. Achten Sie darauf, möglichst gerade zu füttern oder – wenn Ihr Hund den Kopf dreht – sicherzustellen, dass das in beide Richtungen passiert.

Gestrecktes Steh

Das Stehen mit nach oben gestrecktem Kopf erwirkt eine Streckung der Muskelgruppen in Vorderhand, Schulter- und Nackenbereich sowie im Rücken. Es ist neben dieser Streckung eine ideale Vorbereitung vor Wettkämpfen, in denen Ihr Hund in der Fußposition läuft. Gleichzeitig ist diese Übung ein tolles Werkzeug, um den Status Quo festzustellen: kann Ihr Hund diese Position korrekt halten, also so, dass er mit den Hinterbeinen schön steht oder stellt er diese unter oder sehr weit aus?

Übungsschritte:

1) Frischen Sie die Grundlagen-Übung „Plattform" (s. S. 22) auf.

2) Stellen Sie sich nun in Fußposition neben Ihren auf der Plattform stehenden Hund. So ist es am einfachsten, das Trainieren der Übung zu handeln. Lassen Sie Ihren Hund im Stehen mehrmals den Handtouch berühren, den Sie ihm vor seiner Schnauze anbieten und clicken Sie ihn dafür. Dabei sollte Ihre Hand auf einer horizontalen Linie mit seiner Schnauze liegen.

3) Funktioniert dies gut, wird es jetzt spannender. Bieten Sie Ihrem Hund das Target Stück für Stück immer höher an. Stellen Sie sich dabei einen Viertelkreis vor, den Sie abarbeiten. Anfangspunkt des Viertelkreises ist die Nasenspitze Ihres Hundes, wenn er geradeaus schaut, Endpunkt ist die Nasenspitze, die nach oben zeigt. Achten Sie darauf, jeden veränderten Handtouch-Winkel mindestens drei Mal zu belohnen. Sollte sich Ihr Hund hinsetzen wollen, sind Sie möglicherweise zu schnell vorgegangen. Gehen Sie einen Schritt zurück und clicken Sie Ihren Hund nur im Stehen.

***Achtung:** Setzt sich Ihr Hund immer wieder hin, kann es zum einen sein, dass dies seiner Gewohnheit entspricht, zum anderen kann es auf Verspannungen im erweiterten Nackenbereich hindeuten. Haben Sie das Gefühl, das Hinsetzen entspricht nur seiner Gewohnheit, drehen Sie Ihren dem Hund zugewandten Fuß so nach außen, dass er sich unter seinem Bauch befindet, während der Hund steht. Will er sich jetzt setzen, spürt er Ihren Fuß und wird es sich anders überlegen. Dies loben Sie ausführlich.*

4) Funktioniert auch dies, geht es an die Feinheiten. Beobachten Sie Ihren Hund ganz genau, während Sie das Berühren des Handtargets in der höchsten Position abfragen. Spielen Sie etwas mit der Höhe Ihrer Hand. Um eine wirkliche Streckung

zu erreichen, sollte Ihr Hund „auf Zehenspitzen“ stehen, sich also sehr lang machen. Es kann passieren, dass Ihr Hund zunächst versucht, durch Hochhüpfen an das Target zu kommen, dies belohnen Sie nicht und gehen wieder tiefer. Sie werden zudem merken, dass Ihr Hund sich bei einer echten Streckung nach oben auch im Rücken und der Hinterhand „sortieren“ muss. Ziel ist es, dass er seine Hinterbeine so positioniert, dass er ausbalanciert stehen bleiben kann.

Tipp: *Probieren Sie diesen Effekt auf Ihre Muskulatur doch selbst einmal aus. Strecken Sie im Sitzen die Nasenspitze nach oben und fühlen Sie, was in Ihrem Körper passiert. Am nächsten kommt diese Übung der Ihres Hundes im Vierfüßlerstand.*

Varianten: Um die korrekte Ausführung zu fördern, üben Sie zunächst das bewusste Stehen auf vier Erhöhungen. Diese Variante kann zusätzlich Hunden helfen, die zum Hinsetzen neigen, ihre Muskulatur erst korrekt aufzubauen. Erwarten Sie erst nach einem korrekten Steh das Strecken des Kopfes!

Ein korrektes Steh im Fußarbeitskontext. Febee steht durch den Hinterpfotentarget hinten korrekt und schön parallel. Diese Position ist sehr anstrengend!

Gewichtsverlagerung

Durch Übungen der Gewichtsverlagerung soll der Hund dazu gebracht werden, das Gewicht selbständig zu verlagern und dies zu halten. Das ist wichtig, damit die Muskeln der Hinterhand gestärkt oder erhalten werden. Wichtig ist, dass die Hunde in der Wirbelsäule gerade bleiben.

①

Hunde tragen im Durchschnitt 60% ihres Gewichts auf der Vorhand und 40% in der Hinterhand. Entsprechend ist die Vorhand mehr belastet und bei alterungsbedingter Atrophie die Hinterhand stärker betroffen.

③

Durch die Gewichtsverlagerung kann die Rückenmuskulatur gezielt und sanft gestärkt werden. Dabei ist es wichtig, darauf zu achten, dass der Hund korrekt steht. Um eine Gewichtsverlagerung zu erreichen, können Übungen auf einer Wippe ausgeführt werden, wodurch sich der ganze Hund bei der Übung bewegt. Ist keine Wippe zugänglich, so können wir den Hund auch im Steh die Pfoten geben lassen. Das ist für die Hunde sehr schwierig, da sie viel ausgleichen müssen. Die Höhe der Pfote sollte dabei den Ellenbogen nicht überschreiten, da sonst eine Rotation der Wirbelsäule entsteht.

Übungsschritte:

1) Überlegen Sie sich ein Setting für diese Übung – ob Sie einfach frei üben möchten, auf einer Plattform oder einer Wippe. Behalten Sie dieses Setting für das Ausführen der Übung „Gewichtsverlagerung“ zunächst bei.

Man sollte nie unterschätzen, welche Wirkung alleine die Futterhand auf den Hundekörper haben kann.

2) Fragen Sie Ihren Hund nach der gewünschten Ausgangsposition, also nach einem Steh, Sitz oder Platz.

3) Bieten Sie ihm nun einen Handtouch an, zunächst ohne eine Gewichtsverlagerung zu provozieren, sondern so, dass Ihr Hund Ihre Hand entspannt und problemlos erreichen kann. Alternativ arbeiten Sie mit einem Leckerchen.

4) Klappt das, versuchen Sie nun den Handtouch etwas weiter vorne – wir sprechen hier von ca. 1 cm – anzubieten und schauen, was passiert. Streckt sich Ihr Hund danach, klasse! Click und Keks. Löst Ihr Hund die Position auf und läuft dem Handtouch entgegen, passiert nichts und Sie bringen Ihren Hund wieder in die Ursprungsposition.

5) Achten Sie ganz genau auf die Höhe, in der Sie Ihrem Hund Handtouch oder Leckerchen anbieten und schauen Sie, wo Ihr Hund das Gewicht wie verlagert.

6) Passen Sie den Ort des Handtouches ggf. an. Vielleicht ist es nötig, diesen tiefer oder seitlicher anzubieten, um den gewünschten Effekt zu erreichen.

7) Beim Annehmen des Kekses aus Ihrer Hand wird Ihr Hund kurzzeitig das Gewicht nach hinten verlagern. Diesen Moment clicken und belohnen Sie sofort. So haben Sie einen wunderbaren Trainingsloop kreiiert.

Achten Sie unbedingt darauf, ein solches Stauchen zu vermeiden!

Obwohl hier genug Platz wäre, steht Lucy sehr eng auf der Wippe – ein Zeichen dafür, dass sie sich nicht genug wohlfühlt. Achten Sie immer auf die Körpersprache Ihres Hundes!

Hinterpfote anheben

Sie können das Anheben der Hinterpfote auf verschiedene Arten trainieren: ähnlich dem Pfötchengeben mit Ihrer Hand als Target, über das Steigen über eine Stange, über das Modelling oder indem Ihr Hund einen Hinterpfotentarget aufsucht.

Übungsschritte Hinterpfotentarget:

1) Legen Sie einen erhöhten Hinterpfotentarget bereit. Ihr Hund sollte diesen bereits kennen.

2) Lassen Sie Ihren Hund diesen rückwärts anlaufen. Nun müssen Sie schnell sein und die Bewegung einer Hinterpfote clicken. Ihr Hund wird vom Bewegungsablauf her zunächst mit einer Hinterpfote zuerst auf das erhöhte Pfotentarget treten. Er entscheidet somit, das Anheben welcher Pfote Sie für die nächsten Übungsschritte belohnen.

3) Achten Sie darauf, tatsächlich nur die Bewegung dieser Pfote zu clicken. Im Idealfall fangen Sie den Moment ein, indem die Hinterpfote am höchsten ist. Falls Sie noch nicht so erfahren sind, ist es auch in Ordnung das Auftreffen auf die Erhöhung zu clicken.

4) Klappt dieses erste Rückwärtstreten in mehreren Übungseinheiten zuverlässig, können Sie die Anforderungen erhöhen. Je nach Mensch-Hund-Team gibt es zwei Möglichkeiten:

   - Sie clicken tatsächlich immer nur, wenn die Pfote am höchsten ist.
   - Sie vergrößern die Höhe der Erhöhung, zum Beispiel, indem sie das Target immer mehr erhöhen und versuchen dann zu clicken, wenn die Pfote in der Luft ist.

   Es gibt hierbei keine Musterlösung, oft führt eine Kombination von beiden Möglichkeiten zum gewünschten Erfolg.

5) Wenn dieser Bewegungsablauf zuverlässig funktioniert, wird es Zeit, ein Signal dafür einzuführen. Dies passiert noch während die Trainingshilfe in Form von Targets präsent ist. Erst wenn Sie sich absolut sicher sind, dass Ihr Vierbeiner das Verhalten nun sofort zeigen wird, führen Sie ein Hörsignal (z. B. „Lift" für die linke Hinterpfote) ein.

6) Jetzt geht es daran, die Hilfe abzubauen. Wenn Sie nicht zuvor bereits an verschiedenen Orten geübt haben, sollten Sie dies spätestens jetzt tun. Dabei ist logischerweise immer das Hilfsmittel auch

ein Auslöser für das Zeigen der Übung. Sie üben den Trick also wie gewohnt ein paar Mal mit Hilfsmittel und entfernen dieses dann unauffällig. Bewährt hat sich das Beiseiteschieben während des Fressens.

7) Hebt Ihr Vierbeiner problemlos die Pfote, obwohl sie das Hilfsmittel nach einem kurzen Einstieg beiseite schieben? Prima, dann begeben Sie sich jetzt an den Platz, an dem Sie das letzte Mal genau diese Übung geübt haben und versuchen Sie den Aufbau genau zu imitieren. Nur dieses Mal fehlt das Hilfsmittel. Je nach Typ Hund, wird Ihr Hund sich direkt erinnern und sein Können abspulen, ansonsten helfen Sie mit dem Wortsignal nach. Auch hier gilt: haben Sie Ihren Hund zwar verbal angefeuert, er kommt aber wirklich nicht darauf, was Sie möchten, gehen Sie einen Schritt zurück.

8) Jetzt können Sie die Position von sich um den Hund verändern. Stehen Sie auf, sitzen Sie neben Ihrem Hund usw.

Cora zeigt, wie das Hinterpfote anheben aussehen kann, wenn man Frauchens Hand als Target benutzt.

Und hier steht Cora quasi nur auf zwei Beinen.

Hüpf

Diese Übung bereitet die Vorderhand Ihres Hundes auf die Adsorption – also das Abfedern – von Sprüngen vor und kräftigt gleichzeitig die Hinterhand.

Übungsschritte:

1) Setzen Sie Ihren Hund ab. Wichtig ist ein korrektes Sitz mit eng anliegenden Knien.

2) Nun bieten Sie ihm den Handtarget kurz über seiner Nasenspitze an, sodass er sich gerade nach oben strecken muss, um diesen zu erreichen. Clicken und belohnen Sie diese Bewegung.

3) Wiederholen Sie dies mehrmals.

4) Fangen Sie jetzt an, den Handtarget langsam höher zu halten, sodass Ihr Hund lernt, sich mit der Vorderhand abzustoßen, um ihn zu erreichen. Achten Sie hierbei darauf, dass er nicht aufsteht, sein Hintern also am Boden bleibt und er parallel sitzt, das bedeutet, seine Hinterbeine nicht nach außen dreht, um der Beanspruchung auszuweichen. Clicken und belohnen Sie nur das Hochdrücken aus dem Sitz in paralleler Beinposition! Steht Ihr Hund auf oder rutscht mit den Hinterbeinen nach außen, unterbrechen Sie den Trick kurz und bitten Ihren Hund, sich wieder gerade hinzusetzen. Vermeiden Sie zudem, dass Ihr Hund Sie als Stütze benutzt – dies geht recht einfach durch einen entsprechend gewählten Abstand zum Hund.

Für manche Hunde ist der Vorderhandtarget eine gute Hilfe, um korrekt zu sitzen. Panda dreht trotzdem die Knie nach außen. Aus dieser Position bitte nicht ins „Hüpf" starten.

Man kann sehr gut erkennen, wie Hooley sich zunächst bis in die Zehenspitzen gestreckt hat und sich dann vom Boden abgedrückt hat, ein perfektes „Hüpf".

5) Gehen Sie behutsam vor. Diese Übung ist sehr anstrengend und Ihr Hund muss zunächst seine Balance finden. Lassen Sie ihm hierfür Zeit.

Isometrische Übungen

Rückenstärkung einseitig

Übungsschritte:

1) Wiederholen Sie das Bucket Game (S. 120).

2) Belohnen Sie Ihren Hund dafür, dass Sie Ihre Hände rund um seinen Körper bewegen und er regungslos verharrt.

3) Legen Sie Ihre Hand auf die Hüfte Ihres Hundes. Clicken Sie sein Stillhalten. Bewegt Ihr Hund sich, passiert nichts und Sie wagen einen neuen Anlauf.

4) Akzeptiert Ihr Hund Ihre Hand auf der Hüfte, können Sie etwas Gegendruck aufbauen.

5) Spielen Sie mit der Druckintensität.

6) Versuchen Sie über mehrere Trainingseinheiten Ihren Hund dazu zu bringen, ca. 10 bis 15 Sekunden in der jeweiligen Position zu verharren.

Cooper zeigt einen schönen Fokus, während Frauchen Sandra hinten rechts sanft Druck auf seine Hüfte ausübt.

Beginnen Sie zunächst mit der Schulter. Cooper steht für sein fortgeschrittenes Alter zwar durchtrittig, aber parallel. Achten Sie darauf, dass auch Ihr Hund parallel steht.

Dies ist die Position zum Druckaufbauen an der Hüfte.

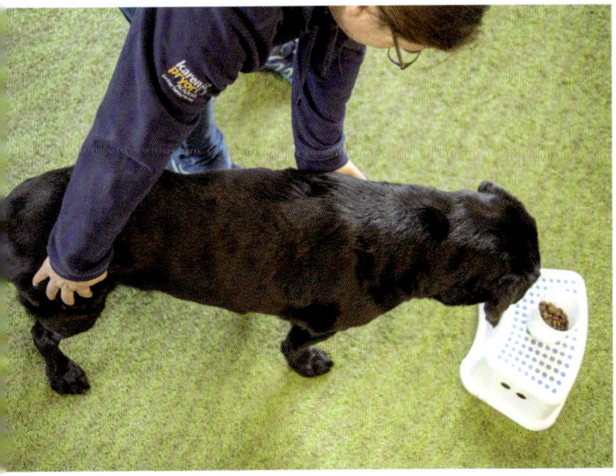

Hier sehen Sie, wie Sie die Rückenstärkung überkreuz optimal ausführen.

Rückenstärkung überkreuz

Übungsschritte:

1) Wiederholen Sie das Bucket Game (S. 120).
2) Belohnen Sie Ihren Hund dafür, dass Sie Ihre Hände rund um seinen Körper bewegen und er regungslos verharrt.
3) Legen Sie Ihre Hand auf die Schulter Ihres Hundes. Clicken Sie sein Stillhalten. Bewegt ihr Hund sich, passiert nichts und sie wagen einen neuen Anlauf.
4) Akzeptiert Ihr Hund Ihre Hand auf der Schulter und baut Gegendruck auf, verfahren Sie genauso mit einer Hand auf der Hüfte.
5) Geben Sie auf beide Hände sanften Druck.
6) Versuchen Sie über mehrere Trainingseinheiten Ihren Hund dazu zu bringen, ca. 10 bis 15 Sekunden in der jeweiligen Position zu verharren.

Zug auf die Hinterhand

Übungsschritte:

1) Wiederholen Sie das Bucket Game (S. 120).

2) Belohnen Sie Ihren Hund dafür, dass Sie Ihre Hände rund um seinen Körper bewegen und er regungslos verharrt.

3) Stellen Sie sich hinter Ihren Hund. Greifen Sie von hinten beidseitig um seine Oberschenkel. Belohnen Sie sein Verharren.

4) Bauen Sie nun graduell leichten Zug auf und belohnen Ihren Hund für das Gegenhalten. Seine Pfoten sollten an Ort und Stelle bleiben.

5) Achten Sie beim Belohnen darauf, immer schön gerade nach vorne zu füttern, sodass Sie direkt in die nächste Zugphase starten können.

6) Versuchen Sie über mehrere Trainingseinheiten Ihren Hund dazu zu bringen, ca. 10 bis 15 Sekunden in der jeweiligen Position zu verharren.

Bevor Sie die Übung „Zug auf die Hinterhand" ausführen, sollten Sie noch einmal das Bucket Game in dieser Position festigen …

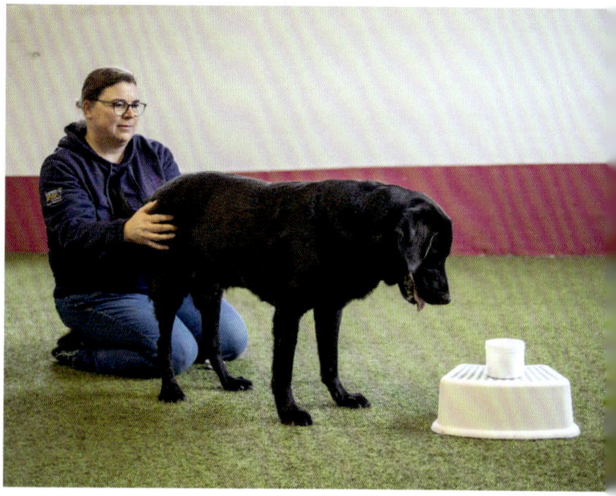

… um dann sanft Zug aufzubauen.

Druck auf die Brust

Hier sehen Sie neben Coopers konzentriertem Gesicht die ideale Stelle für den Druck auf die Brust.

Übungsschritte:

1) Wiederholen Sie das Bucket Game (S. 120).
2) Belohnen Sie Ihren Hund dafür, dass Sie Ihre Hände rund um seinen Körper bewegen und er regungslos verharrt.
3) Stellen Sie sich vor Ihren Hund. Legen Sie Ihre Hand flächig auf seine Brust.
4) Belohnen Sie sein Stillhalten.
5) Bauen Sie nun graduell leichten Druck auf und belohnen Ihren Hund für das Gegenhalten. Seine Pfoten sollten an Ort und Stelle bleiben.
6) Achten Sie beim Belohnen darauf, immer schön gerade nach vorne zu füttern, sodass Sie direkt in die nächste Druckphase starten können.
7) Versuchen Sie über mehrere Trainingseinheiten Ihren Hund dazu zu bringen, ca. 10 bis 15 Sekunden in der jeweiligen Position zu verharren.

Hier eine andere Positionierung.

Bauchheber

Der Bauchheber ist eigentlich keine isometrische Übung, da der Hund keinen Gegendruck gibt, sondern nach oben ausweicht. Die kleine Ungenauigkeit stört Ihren Hund jedoch nicht, denn der Aufbau ist sehr ähnlich.

Übungsschritte:

1) Wiederholen Sie das Bucket Game (S. 120).
2) Belohnen Sie Ihren Hund dafür, dass Sie Ihre Hände rund um seinen Körper bewegen und er regungslos verharrt.
3) Stellen Sie sich neben Ihren Hund.
4) Legen Sie Ihre Hand von unten an seinen Bauch, und zwar auf Höhe der letzten Rippenbögen.
5) Viele Hunde beginnen jetzt schon damit, den Rücken aufzuwölben, clicken und belohnen Sie dies.
6) Achten Sie unbedingt darauf, ob Ihr Hund den Rücken schön rundmacht oder ob die Bewegung „eckig" aussieht. Bei letzterem sehen Sie von dieser Übung ab.
7) Versuchen Sie über mehrere Trainingseinheiten Ihren Hund dazu zu bringen, ca. 10 bis 15 Sekunden in der jeweiligen Position zu verharren.

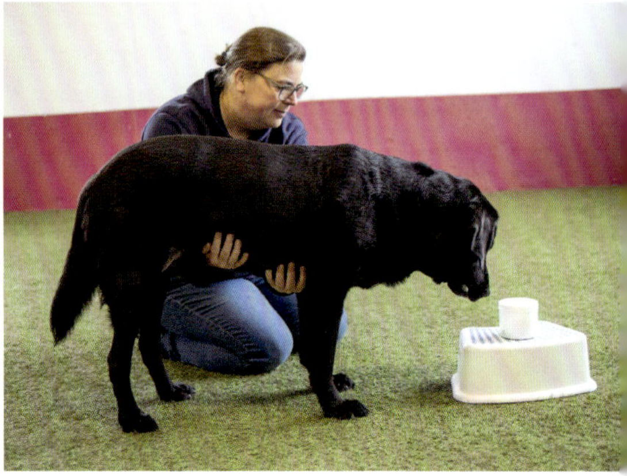

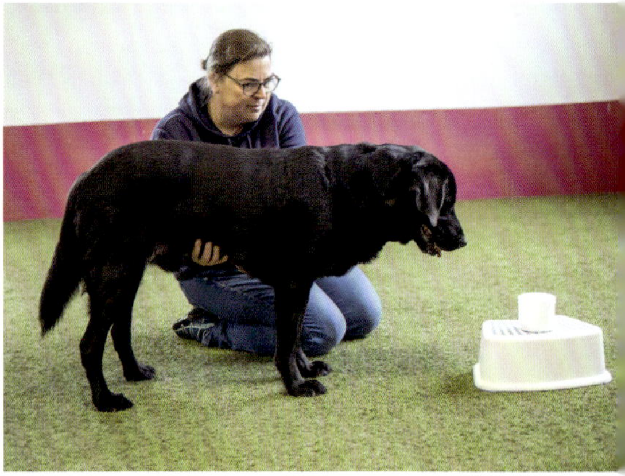

Ob Sie Ihren Hund durch eine oder beide Hände in der Übung unterstützen, bleibt Ihnen beiden überlassen.

Ipsilateraler Stand

Auch hier geht es um die Rückenstärkung und um die Haltemuskulatur. Die Haltemuskulatur (hier vor allem im Bereich des Bauches) ist wichtig, um der Wirbelsäule, den Rippen und dem ganzen Rumpf wieder eine Art stützendes Korsett zu geben.

Ipsilateral bedeutet im Prinzip „die Einseitigkeit". „Lateral" beschreibt eine Seite und „ipsi" damit die gleiche Seite. Was passiert beim ipsilateralen Stand? Ihr Hund steht auf drei Beinen, da Sie eine Pfote anheben.

Dabei gilt es zu beachten, dass die Vorderpfote, welche angehoben wird, nicht höher gehoben wird als der Ellenbogen. Dabei soll die Pfote auch nicht rotiert oder nach vorne gezogen werden. Die Hunde sollten gerade schauen, damit die Wirbelsäule eine in sich gerade Linie bildet und kein zusätzlicher Druck oder Zug auf die Bandscheibe ausgeübt wird. Die Hinterhand sollte ausbalanciert stehen, was aufgrund der Muskulatur nicht immer ganz einfach ist. Deshalb muss darauf geachtet werden, dass die Hunde nicht seitlich versetzt stehen oder die Hinterläufe zu sehr unterstellen.

Für das bessere Verständnis der Hunde können sowohl der ipsilaterale Stand als auch die isometrischen Übungen mit einem Signal bzw. einem Hinweis benannt werden, damit die Hunde sich besser auf die Übung und die Anforderungen einstellen können. Beim ipsilateralen Stand hilft es den Hunden oft, auf einer kleinen Plattform zu stehen, die bereits mit dem „Steh" verknüpft ist. Außerdem kann es sinnvoll sein, den Hunden zu beizubringen, dass sie einen Fokus nach vorne halten (zum Beispiel durch das Bucket Game von Chirag Patel, siehe S. 120). Durch den Fokus auf das Futter sorgen Sie für einen geraden Rücken. Achten Sie dabei auf die Futterhöhe. Das Futter sollte nicht zu hoch und nicht zu tief stehen.

Übungsschritte:

1) Fragen Sie das Pfotegeben bei Ihrem Hund so ab, wie er es gelernt hat, zumeist wird das im Sitzen sein. Belohnen Sie ihn ausgiebig dafür.

2) Wichtigste Voraussetzung für einen korrekten ipsilateralen Stand ist ein korrektes Steh. Bringen Sie Ihrem Hund zunächst ein korrektes Steh, z.B. mithilfe eines Vorder- oder Hinterhandtargets, bei. Ist Zeit ein kritischer Faktor, locken Sie Ihren Hund in ein so physiologisch korrektes Steh wie möglich.

3) Nachdem Sie ein Steh belohnt haben, bitten Sie Ihren Hund um eine Pfote. Bieten Sie Ihre Hand nur bis maximal Ellenbogenhöhe an, damit Ihr Hund seine Wir-

belsäule nicht verdreht. Achten Sie auf eine entspannte Kopfhaltung Ihres Hundes, ca. in Verlängerung der Wirbelsäule.

4) Funktioniert dies, dehnen Sie die Dauer des Pfotegebens im Stehen aus. Ideal wäre es, wenn Ihr Hund 10 bis 15 min schafft, denn dann ist die Haltemuskulatur insbesondere im Rücken besonders gefordert und dies möchten Sie ja, damit diese gestärkt wird.

Cora zeigt das Ganze dann ohne Hilfe.

Kopf an Flanke

Ausgehend von der Nackenmuskulatur wird bei dieser Übung abhängig von der Ausführung Ihres Hundes vor allem die Brustwirbelsäulenmuskulatur gedehnt.

Übungsschritte:

1) Frischen Sie den Handtouch auf und belohnen diesen.

2) Führen Sie Ihren Hund zwischen Ihre Beine, und zwar so, dass er sich mit der Hüfte auf Höhe Ihrer Beine befindet. Verengen Sie Ihren Beinabstand so, dass Ihre Beine locker, aber direkt neben dem Po Ihres Hundes stehen. Alternativ bitten Sie Ihren Hund, sich auf ein Vorderhandtarget zu stellen. Beides hat zum Ziel, dass Ihr Hund mit der Vorderhand fix stehen bleibt.

3) Bieten Sie Ihrem Hund nun – zunächst sehr nahe – den Handtouch neben seiner Schnauze an. Clicken und belohnen Sie dies.

4) Klappt das Anstupsen Ihrer Hand problemlos, können Sie den Abstand zur Hundeschnauze etwas vergrößern.

5) Wiederholen Sie dies mehrmals und in verschiedenen Trainings. Üben Sie auch die andere Seite.

6) Weiß Ihr Hund routiniert, um was es geht, können Sie für beide Seiten je ein Wortsignal einführen.

7) Je länger Ihr Hund den Trick ausführt, desto größer der Effekt als Dehnungsübungen. Fragen Sie im schnellen Wechsel beide Seiten abwechselnd ab, wirkt dies aktivierend auf die Muskulatur.

Beispielfotos siehe nächste Seite.

Johnny zeigt hier eine schöne Ausführung mit parallelen Vorderpfoten …

… während er hier etwas schummelt.

Korrekte Platz-Steh-Wechsel

Auch hierbei kommt es darauf an, wie korrekt der Hund steht oder stehen kann.

Übungsschritte:

1) Die Startposition für diese Übung ist das Platz in typischer Sphinx-Stellung. Idealerweise trainieren Sie diese Übung, indem Sie vor Ihrem Hund sitzen und ihre Beine in V-Form ausspreizen, um eine seitliche optische Barriere für Ihren Hund darzustellen.

2) Bieten Sie Ihrem Hund nun ein Leckerchen an. Dabei ist die Position des Leckerlis entscheidend, damit sich Ihr Hund nicht hinsetzt, sondern direkt in die Stehposition wechselt. Zeigen Sie Ihrem Hund das Leckerli zunächst direkt vor seiner Schnauze auf dem Boden und bewegen Sie es dann zügig in Richtung Ihres Bauches. Dabei sollten Sie eine gerade Linie verfolgen und Ihre Hand nie gerade nach oben ziehen, sondern immer im schrägen Winkeln in Richtung Bauch. Die Endhöhe der Leckerlihand gibt Ihr Hund vor, sie entspricht seiner Schnauzenhöhe in stehender Position. Clicken Sie Ihren Hund zunächst wirklich für die Bewegung, hilfreich ist ein Clicken der Hinterbeine.

3) Funktioniert dies zuverlässig, führen Sie ein Hörzeichen ein. Nun bauen Sie langsam Ihre Körperhilfe ab, indem Sie Ihre Beine zunächst wieder normal hinstellen und dann erst das Hörzeichen geben und nur bei Bedarf mit der Leckerlihand nachhelfen.

Ein vermeintlich korrektes Platz – wenn man nur den hinteren Teil des Hundes betrachtet. Ivys Hinterhand liegt prima, Ihre Knie zeigen gerade nach vorne und liegen eng an. Der vordere Teil des Hundes ist jedoch nicht ideal. Hier liegt Ivy auf den etwas ausgedrehten Ellenbogen. Diese sollte – mit einer gewissen Grundspannung getragen – eng am Hundekörper anliegen und nicht so aussehen, als hätte der Hund das Autofenster runtergekurbelt.

Bei einem korrekten Positionswechsel sollte sich keine Pfote bewegen: Lucy klappt wunderbar auf wie ein Schweizer Taschenmesser.

Nach-unten-Gucken und Nicken

Übungsschritte:

1) Achten Sie darauf, dass Ihr Hund sich zum Erlernen dieser Übung in einer stehenden Position befindet, dies verhindert, dass er dazu tendiert, sich hinzulegen, um das Target zu berühren. Gegebenenfalls hilft es, wenn Sie Ihren Hund dazu auf einer Erhöhung (Stepper, Sofa o. Ä.) positionieren.

2) Bewaffnen Sie sich mit Clicker, Leckerli und Post-It.

3) Bieten Sie Ihrem Hund das Post-It als Target an, den er ausnahmslos mit der Nase berühren soll, clicken und belohnen Ihn dafür. Achten Sie besonders bei „Pfotenhunden" darauf, das Target so hoch zu halten, dass Ihr Hund gar nicht versucht ist, mit der Pfote zu arbeiten.

4) Haben Sie das Berühren mit der Nase etabliert, wandern Sie mit dem Post-It Stück für Stück Richtung Boden. Clicken und belohnen Sie die Zwischenschritte.

5) Legen Sie nun das Post-It mit etwas Abstand vor die Vorderfüße Ihres Hundes, sodass er es bequem mit seiner Nase erreichen kann, ohne sich dabei aus der Stehposition bewegen zu müssen.

6) Clicken Sie konsequent nur die Nasenberührung des Post-Its. Jetzt wird der Ort der Belohnung interessant. Um Ihrem Hund die Möglichkeit zu geben, das Verhalten direkt wieder zu zeigen, füttern Sie ihn gerade nicht beim Post-It, sondern halten das Leckerli so hoch, dass er seinen Kopf geradehalten oder nach oben recken muss. Sie entscheiden nun, ob Sie das längere Nach-unten-Gucken formen oder eine Nickbewegung aus der Übung machen möchten. Dank Signalkontrolle können Sie auch beides etablieren.

7) Nachdem er gefressen hat, wird Ihr Hund sich wieder dem Post-It zuwenden, clicken Sie die Berührung daran und füttern ihn wieder nach oben.

8) Fügen Sie ein Wortsignal hinzu, kurz bevor Ihr Hund die Übung wieder von alleine startet.

9) Fangen Sie jetzt an, das Post-It immer kleiner werden zu lassen. Hierbei kann es zu Schwierigkeiten kommen, wenn Sie zu schnell vorgehen. Dann hilft es, Ihren Hund ab und zu doch direkt auf dem Post-It zu füttern, um ihm dieses wieder im wahrsten Sinne des Wortes schmackhaft zu machen.

10) Versuchen Sie nun das Post-It komplett wegzulassen. Clicken Sie Ihren Hund am tiefsten Punkt seiner Bewegung nach unten. Er wird automatisch wieder nach oben schauen, um sich dort sein Leckerli abzuholen, fertig!

Hexe lernt hier gerade, dass man Kekse auch von unten fressen kann.

Hier sehen Sie einen tollen Aufbau des Nach-unten-Guckens: die beiden Targets unterstützen das korrekte Steh, Futter oder Target bieten einen Fokuspunkt.

Dieser Aufbau mit Vorderpfotentarget und Futterbehälter bietet möglichst viele Fixpunkte für Luna, die das Nicken hier im Nu lernt.

Pfoten-Bias

Das Wort „Bias“: beschreibt eine Voreingenommenheit und Tendenz. Und genau diese gaukeln Sie dem Hund mit dieser Übung vor. Muskeln, Sehnen und Bänder sollen in eine korrekte Haltung gebracht werden, ähnlich dem Effekt, den eine Einlegesohle im Schuh schafft.

Übungsschritte:

1) Nutzen Sie die „Paw Pods“ oder ähnliches Equipment mit einer abgerundeten Oberfläche. Dieses sollte fest sein und nicht bzw. nur gering nachgeben. Bringen Sie Ihrem Hund bei, mit durchtrittigen Pfoten mittig hierauf zu steigen und belohnen Sie dies. Hierdurch ergibt sich schon ein veränderter Gelenkwinkel. Zunächst ist es unwichtig, wieviel Gewicht Ihr Hund auf die Pfote gibt.

2) Nun gehen Sie ins Detail, schauen Sie sich genau an, wie Ihr Hund mit der Pfote auftritt. Variieren Sie mithilfe des Handtargets oder Leckerlis die Position der Pfote auf dem Equipment. Ideal ist meist eine Position weit vorne, die so aussieht, als würde Ihr Hund nahezu abrutschen. Dies ahmt meist die natürliche Haltung des Zehengängers Hund am ehesten nach. Belohnen Sie diese Position fürstlich.

3) Erhöhen Sie nun die Anforderung im wahrsten Sinne des Wortes. Unterlegen Sie eine Plattform oder ein Podest unter die Paw Pods, sodass diese erhöht liegen. Bitten Sie Ihren Hund wieder hierauf. Belohnen Sie dies und achten auf die Position weit vorne.

4) Stärken Sie diese Position ausführlich, sodass sie für Ihren Hund zur Normalität wird.

5) Verändern Sie seine Position vorne auf dem Equipment nun wieder etwas in Richtung Mitte. Beobachten Sie, wie Ihr Hund die Pfote aufstellt. Durch das ausführliche Training der vorderen Position sollte Ihr Hund seine Pfote nun viel besser selbst halten können und weniger durchtrittig auftreten.

Hier geht's zum Erklärvideo!

Hooley steht zunächst mittig auf der Senso Bar …

… wird dann aber Stück für Stück etwas vorgeholt, sodass die Wölbung unter seinen Pfoten größer wird.

Alternativ können Sie mit Paw Pods arbeiten. Wichtig ist, dass diese nicht nachgeben, sondern ihre abgerundete Oberfläche beibehalten.

Hier steht Febee mit der linken Pfote korrekt für diese Übung, die rechte Pfote liegt zu weit hinten auf.

Platz und Langmachen

Bei dieser Übung ist es wichtig darauf zu achten, dass der Hund ordnungsgemäß im Platz liegt. Die Knie sollten also eng am Körper gehalten werden und nicht nach außen zeigen. Dies passiert vor allem bei atrophierten Hinterläufen. Wenn der Hund nicht mehr in der Lage ist, die Knie gerade zu halten, dann hilft eine Begrenzung, beispielsweise in Form einer Plattform.

Um ein Langmachen des Hundes zu erreichen, kann über ein Handtarget oder ein Leckerchen gearbeitet werden. Um den größtmöglichen Effekt zu erreichen, sollte die Position 10 – 15 Sekunden gehalten werden. Bauen Sie diese Dauer kleinschrittig auf, da es sonst zu Verspannungen kommt, wenn Ihr Hund nicht genügend Kraft hat, die Übung entsprechend lange zu halten.

Bei der Übung sollte es nicht passieren, dass der Hund ins Hohlkreuz fällt. Ist dies der Fall, dann ist der Hund nicht in der Lage, die Übung auszuführen, da seine Rückenmuskulatur dafür nicht stark genug ist. Außerdem sollten sich die Hunde bei der Übung nicht mit dem Hinterlauf/den Hinterläufen abdrücken, sondern die „Platz" Position halten. Auch sollten sich die Ellenbogen nicht nach außen drehen.

Kein perfektes Platz: die Vorderhand ist etwas zu weit vor geschoben und hinten liegt Ryva etwas gestaucht. Der Teufel liegt im Detail!

Ryva macht sich wunderbar lang: der Kopf ist in toller Höhe und in prima Verlängerung des Rückens. Jedoch schiebt sie sich etwas über die Ellenbogen vor und dreht die Hinterhand aus.

Hier stört zur Perfektion nur noch die linke Vorderpfote. Diese ist zu weit vorne …

Laika bietet ein Kriechen an, hier hat Frauchen mit der Hand zu sehr gezogen.

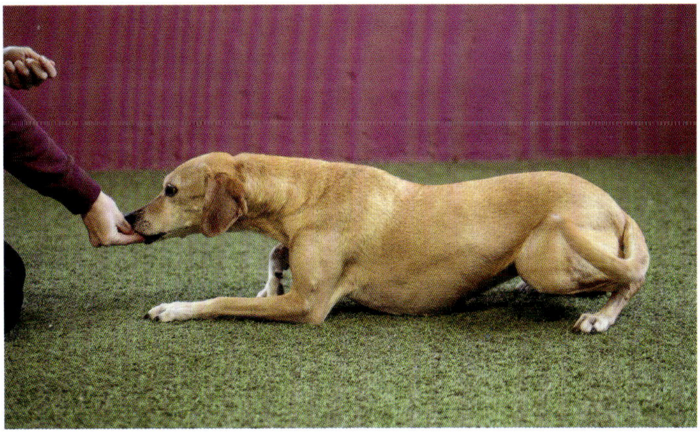

Rückwärts runter

Auch das Rückwärtslaufen schult die Hinterhand-Koordination. Häufig ist das Rückwärtsgehen bereits bekannt, was für die Hunde ebenfalls eine gute koordinative Übung ist. Hierbei passiert es aber sehr oft, dass die Hunde den Kopf stark nach oben überstrecken. Da insbesondere in Hinblick auf Bandscheibenvorfälle das Ziel ist, den Druck auf den Spinalkanal gering zu halten und den Kopf nicht zu überstrecken, sollte hierauf geachtet werden. Auch wenn das Rückwärtsgehen gut und nicht über ein Weichen nach hinten aufgebaut wurde, sieht man vor allem bei kleinen Hunden sehr oft, dass sie nach oben schauen, um Blickkontakt zum Menschen herzustellen. Dagegen hilft es, den Hund rückwärts von etwas hinunter gehen zu lassen.

Häufig sieht man Hunde, die mit der Hinterhand AUF ein Target steigen, Treppen nach oben steigen oder Ähnliches. Dadurch wird allerdings sehr viel Gewicht auf die Vorderhand gebracht und gerade bei einem Bandscheibenvorfall in der Hals- oder Brustwirbelsäule ist dies kontraproduktiv. Deshalb sollte der Hund eher nach unten treten. Der Höhenunterschied muss dabei nicht groß sein, es reicht bereits ein Unterschied von weniger als 2 cm, denn dieser fördert bereits hier die Koordination, sofern der Hund das Rückwärtsgehen nicht über Weichen gelernt hat. Denn Weichen ist lediglich eine Reaktion des Hundes und keine selbständig eingeleitete Aktion des Hundes, diese Bewegung auszuführen. Der Fokus des Hundes geht hierbei nach hinten und unten. Auch die Gewichtsverlagerung erfolgt nach hinten, was der Vorderhand guttut, diese entlastet und die Hinterhand zusätzlich stärkt.

Übungsschritte:

1) Frischen Sie die Übung „Bewusstes Rückwärtsgehen“ (S. 115) auf.

2) Holen Sie nun eine Plattform hinzu, auf die Sie Ihren Hund von hinten steigen lassen.

3) Belohnen Sie ihn für das Stehen und fragen dann nach dem Rückwärtsgehen.

4) Clicken Sie bereits erste Impulse, von der Plattform zu steigen.

5) Variieren Sie die Qualität Ihrer Belohnung. Für Versuche gibt es Trockenfutter, für ein Hinuntersteigen z. B. Käse.

6) Achten Sie darauf, welches Bein Ihr Hund bevorzugt, um zuerst abzusteigen. Betrachten Sie in Bezug darauf, mit welcher Hand Sie füttern.

Febee zeigt hier das „Rückwärts runter". Im Anschluss ist es wichtig, schön tief zu füttern, also in Verlängerung der Wirbelsäule.

Schnapp's

Diese Übung wird Ihnen und Ihrem Hund viel Spaß bereiten.

1) Bereiten Sie einen Peanutball o. Ä. vor, auf dem Ihr Hund im weiteren Verlauf abfedern kann.

2) Sichern Sie den Peanutball mit einem Gestell oder mit Ihrem Körper.

3) Bitten Sie Ihren Hund mit den Vorderpfoten auf den Peanutball. Achten Sie dabei auf einen angenehmen Winkel, sodass Ihr Hund einen geraden Rücken beibehalten kann und mit genügen Abstand von seinen Hinterbeinen zum Peanutball steht.

4) Bieten Sie Ihrem Hund nun ein Zergelspielzeug an.

5) Loben Sie das Hineinbeißen und folglich den Zug nach hinten. Ihr Hund sollte idealerweise den Peanutball zum Gegendrücken verwenden.

6) Lassen Sie Ihren Hund das Spielzeug immer wieder ausgeben. Die Vorwärtsbewegung, also das Zupacken zum Spielzeug hin ist wichtig für die Muskulaturbereiche, die Sie fördern möchten.

7) Achten Sie während des gesamten Spiels auf eine gute Körperhaltung.

Kurz vor dem „Schnapp's“ – so steht Panda mit geradem Rücken.

„Schnapp's“ – Panda geht etwas ins Hohlkreuz. Nicole könnte durch ein etwas höher gehobenes Spielzeug vorbeugen.

Schöner Zergelmoment. Pandas Füße dürften weiter hinten sein …

Perfekte Haltungsnote für Panda – nur nutzt sie statt den Peanut lieber Frauchen.

Ready …

Steady …

Go! So sieht ein tolles „Schnapp's" aus.

Uuuuund: gewonnen! Schön, wenn nachher beide strahlen.

Slalom

Der Slalom ist ein toller Trick, da Sie selbst den Grad der Biegung der Wirbelsäule sowie die Geschwindigkeit, mit der diese Biegung ausgeführt wird, kontrollieren können. Der Beinslalom und seine Variationen sind ideale Tricks für das Aufwärmen Ihres Hundes vor sportlichen Leistungen.

Übungsschritte:

1) Stellen Sie sich neben Ihren Hund und gehen Sie mit einem Bein einen Schritt nach vorne. Wählen Sie unbedingt das Bein, das dem Hund abgewandt ist. Steht Ihr Hund also links von Ihnen, bewegt sich Ihr rechtes Bein nach vorne. Steht Ihr Hund rechts, bewegen Sie Ihr linkes Bein.

2) Bieten Sie Ihrem Hund nun Ihre Targethand an. Dabei wählen Sie die Targethand entsprechend Ihres Beines: rechtes Bein = rechte Targethand. Platzieren Sie Ihre Hand zwischen Ihren Beinen, und zwar direkt unterhalb Ihres Körpers. Clicken und belohnen Sie das Berühren der Targethand durch Ihren Hund. Wichtig ist dabei, dass Sie Ihre Leckerchen in die spätere Laufrichtung des Hundes werfen, also von sich weg, sodass Ihr Hund Ihr Beintor schon unbemerkt durchläuft.

Achtung: *Hat Ihr Hund Mühe, die Targethand zu „sehen", bewegen Sie diese etwas.*

3) Ist Ihr Hund noch etwas unsicher, wiederholen Sie diesen Teilschritt mehrmals. Klappt dies gut, nähern Sie sich mit Ihrer Hand stückchenweise Ihrem Oberschenkel an. Füttern Sie Ihren Hund jetzt direkt mit der Targethand, und zwar so, dass er parallel zu Ihrem Bein steht.

4) Klappt dies flüssig, wird es Zeit, ein Wortsignal für diese Seite einzuführen. Um mein Gedächtnis zu schonen, heißt bei mir beispielsweise das Tor, bei dem der Hund von links nach rechts durch meine Beine läuft „Sla-", das Tor von rechts nach links „-lom".

5) Testen Sie Ihren Hund, indem Sie Ihre Targethand am Zieloberschenkel belassen und ihm nur das Wortsignal geben. Funktioniert dies, üben Sie die andere Seite analog.

6) Achten Sie bei beiden Seiten darauf, Ihren Hund ab Schritt 3.) immer direkt parallel an Ihrem Bein zu füttern. Nur so

können Sie die einzelnen Biegungen problemlos zu einem kompletten Slalom zusammensetzen.

7) Hat Ihr Hund beide Biegungen gelernt, fragen Sie beide Seiten nacheinander ab und belohnen variabel. Geschafft!

Varianten: Mit den einzelnen Biegungen des Slaloms oder auch mit dem kompletten Beinslalom lässt sich viel variieren. So können Sie die Slalomtore zum Beispiel einzeln abfragen, um Ihren Hund von der linken in die rechte Fußposition wechseln zu lassen und umgekehrt. Zudem können Sie Ihren Hund nach jedem Slalomtor kurz verharren lassen, um seine Geschwindigkeit zu kontrollieren. Durch Ihre Schrittweite geben Sie weiterhin den Grad der Biegung vor. Probieren Sie den Slalom in verschiedenen Geschwindigkeiten, mal im Schritt, mal im Trab durch schnelles oder langsames Aussprechen Ihrer Wortsignale. Versuchen Sie einen Slalom, bei dem Sie sich seitlich bewegen. Für Ihren Hund bleibt der Bewegungsablauf gleich, nur Sie überkreuzen Ihre Beine einmal und variieren so zwischen starker Biegung und lockerer Biegung.

Beispielfotos siehe nächste Seite.

Hier sehen Sie, wie Ivy sich um Annemaries Beine wickelt und dabei nicht nur ihre Wirbelsäule flektiert, sondern ihren kompletten Körper aufwärmt.

Dabei zeigt Ryva, inwieweit die entsprechende Slalomvariation Tempo des Hundes und Biegung der Wirbelsäule beeinflusst.

Schwimmerwende

Die Schwimmerwende ist eine kraftvolle Übung, die ein Abdrücken des Hundes mit einer gleichzeitigen Drehung erfordert.

Entscheiden Sie sich für einen Aufbau: **am Menschen oder mit Hilfsmittel.**

Aufbau am Menschen:

1) Frischen Sie Twist und Turn auf.
2) Wenn Ihr Hund es kennt, frischen Sie das Anspringen auf.
3) Begeben Sie sich auf einen Stuhl oder lehnen sich an eine Wand.
4) Sie können nun auch mit einem Target arbeiten, den Sie auf den Schoß nehmen. Alternativ bitten Sie Ihren Hund, auf Ihren Schoß zu springen.
5) Wichtig ist nun der Punkt des Landens: hier geht es darum, dass Ihr Hund gleich wieder abspringt, und zwar in einer Kreisbewegung. Diese können Sie mit Ihrer Handhaltung auslösen bzw. mit der Richtung, in den Sie den Keks werfen.
6) Machen Sie sich nichts daraus, wenn dies nicht von Anfang an klappt. Übung macht den Meister.
7) Wenn sowohl Sie als auch Ihr Hund flüssiger geworden sind, achten Sie auf die Details und clicken z. B. den Abdrückpunkt. Belohnen Sie wieder in Kreisrichtung.
8) Üben Sie beide Richtungen.
9) Hat Ihr Hund die Übung verstanden, können Sie diese mit einem Wortsignal versehen.

Aufbau mit Pylone:

1) Stellen Sie zunächst sicher, dass Ihr Hund eine Pylone umrunden kann.
2) Platzieren Sie diese direkt in die Nähe einer Wand und belohnen Ihren Hund für das Umrunden hier.
3) Fügen Sie nun eine Schrägwand hinzu. Wichtig ist, dass diese nicht verrutscht oder merkwürdige Geräusche macht, also auch stabil genug für Ihren Hund ist.
4) Helfen Sie Ihrem Hund ggf. beim Umrunden der Pylone mit dem Handtarget oder Targetstick.

5) Je sicherer Ihr Hund wird, umso weniger Hilfe benötigt er.

6) Clicken und belohnen Sie den Abdrückpunkt hinter der Pylone.

7) Vergessen Sie nicht, beide Richtungen zu üben.

Die „Schwimmerwende" z. B. als Vorbereitung der Schwimmerwende im Flyball kann auch am Menschen erfolgen. Wichtig ist dabei die Drehung der Hundes und dessen Landung.

Hier als Aufbau mit einer Pylone und einem Schrägbrett.

Tablett auf dem Kopf balancieren

Bei dieser lustig anzusehenden Übung lernt Ihr Hund, ein kleines Tablett auf seinem Kopf zu balancieren. Er muss seine Nacken- und Schultergürtelmuskulatur aktivieren, um das Tablett auf dem Kopf zu halten. Und dies in einer – für die Fußarbeit untypischen – Position.

Hilfsmittel:

- Leichtes Tablett oder ähnliches
- Stuhl

Übungsschritte:

1) Am besten setzen Sie sich für diese Übung auf einen Stuhl und lassen Ihren Hund vor sich absitzen.

2) Bieten Sie Ihrem Hund Ihre Hand zum Hold (s. S. 20) an und clicken und belohnen ihn zunächst hierfür.

3) Während Ihr Hund also seinen Kopf in Ihre Hand legt, legen Sie nun sehr behutsam das Tablett auf seinen Kopf und clicken ihn dafür, dass er dies mit sich machen lässt. Sollte er zunächst nachschauen wollen, was Sie da genau tun, lassen Sie dies ruhig zu. Versuchen Sie es einfach erneut.

4) Hat Ihr Hund das Tablett auf seinem Kopf akzeptiert, können Sie schrittweise dazu übergehen, es nicht mehr festzuhalten. Belohnen Sie Ihren Hund für das ruhige Abwarten.

5) Klappt es, dass das Tablett ohne Ihr Zutun auf dem Kopf Ihres Hundes liegen bleibt, können Sie dazu übergehen, langsam Ihre „Hold"-Hand abzubauen. Dazu gehen Sie vor wie gehabt, versuchen jedoch zunächst Finger für Finger Ihre Handkuhle aufzulösen. Clicken und belohnen Sie dabei jeden Einzelschritt.

6) An sich ist es nicht nötig, ein Wortsignal für diesen Trick einzuführen, da das Tablett den Hund wissen lässt, worum es geht.

Varianten: Natürlich ist der Effekt des Balance-Aktes im Sitzen nicht so groß wie dann, wenn sich Ihr Hund bewegen würde. Um dies zu üben, lassen Sie Ihren Hund direkt zu Beginn der Übung stehen. Üben Sie zunächst das Balancieren im Stehen, bevor Sie Ihren Hund zu einer Vorwärtsbewegung verleiten. Wenn er diese auf Anhieb schafft, ohne das Tablett zu verlieren, hat er sich wahrlich den Jackpot verdient.

So richtig begeistert ist Lucy noch nicht, …

doch mit etwas Futter lässt sich …

… diese Spielerei aushalten.

Tipp-Tapp

Das abwechselnde Pfotengeben kann als Aufwärmübung für die Vorderhand durchgeführt werden. Die Intensität können Sie beeinflussen, indem Sie die Schnelligkeit der Ausführung variieren. Zügiges, abwechselndes Pfötchengeben wärmt die Muskulatur vor, wohingegen Pfotenhalten die Kraftausdauer stärkt.

Die Pfoten sollten maximal bis Höhe der Ellenbogen gegeben werden.

Übungsschritte:

1) Setzen Sie sich vor Ihren sitzenden Hund.
2) Verstecken Sie ein Leckerli in Ihrer Faust und bieten Sie dies Ihrem Hund auf Höhe einer seiner Pfoten an.
3) Clicken Sie nur Interesse, das Pfotenaktion beinhaltet – vermeiden Sie es, eine Berührung mit der Nase zu clicken.
4) Verstärken Sie diese Pfotenaktion durch mehrmalige Clicks und Belohnungen.
5) Drehen Sie Ihre Faust nun so, dass Ihr Handrücken nach unten zeigt und belohnen das Berühren Ihrer Hand.
6) Entfernen Sie das Leckerli aus Ihrer Hand und clicken und belohnen das Berühren der leeren Faust. Füttern Sie bewusst aus der anderen Hand.
7) Kurz bevor Ihr Hund zum nächsten „Pfotenschlag" ansetzt, öffnen Sie Ihre Faust, sodass Ihr Hund Ihre flache Handfläche berührt.
8) Clicken und belohnen Sie dies mehrmals und führen ein Wortsignal für diese Pfote ein. Für die linke Pfote bietet sich beispielsweise „Tipp" an, da es wie „links" ein „i" enthält. Die rechte Pfote können Sie dann „Tapp" nennen.
9) Gehen Sie mit der anderen Pfote genauso vor.
10) Fragen Sie beide Pfoten nicht immer abwechselnd ab, sondern trainieren Sie neben seiner Muskulatur auch das Köpfchen Ihres Hundes, indem er genau zuhören muss, von welcher Pfote Sie sprechen.

Tipp-Tapp im Stehen. Annemarie nimmt hier Ryvas Pfote deutlich zu hoch, Ellenbogenhöhe wäre ausreichend. Gleichzeitig sieht man, wie Ryva die Hinterhand unterstellt, sich also eher kompakt und kurz macht, um dies auszugleichen.

Hier gibt Annemarie Ryva etwas mehr Raum und diese kann die Pfote mehr strecken. Die Höhe ist noch zu hoch. In diesem Bild gleicht Ryva die Anstrengung durch einen breiteren Stand mit der Hinterhand aus.

Hier sieht man, dass Hooley ordentlich Kraft aufbringen muss, um Sitzenbleiben zu können: er sitzt sehr breit und lässt die Hinterhand nach außen wegrutschen. Diese Ausführung ist nicht erwünscht.

Bei Cash, seines Zeichens Windhund-Jungspund, sieht man, dass der runde Rücken seiner Anatomie geschuldet ist.

Varianten: Fragen Sie die Übung „Tipp-Tapp" auch im Stehen ab. Dabei können Sie ganz genau beobachten, wie Ihr Hund sein Gewicht verlagert, um die fehlende Pfote auszugleichen. Steigern Sie dies noch, indem Sie Ihren Hund zu einer Vorwärtsbewegung animieren. Das geht am einfachsten, indem Sie sich selbst rückwärts bewegen und währenddessen Ihren Hund um seine Pfoten bitten. Einfacher haben Sie es hierbei, wenn Sie Ihrem Hund beibringen, anstatt Ihrer Hände Ihre Füße oder Knie zu berühren.

Tipp-Tapp erhöht im Stehen

Abwechselndes Pfotegeben im Stehen trainiert nicht nur die entsprechende Vorderhand, sondern durch Ausbalancierbewegungen auch die Hinterhand. Wenn Sie Ihren Hund nun noch vorne erhöht stellen, intensivieren Sie diesen Effekt.

1) Fragen Sie das Pfotegeben ab. Wenn dieses noch nicht bekannt ist, sollten Sie es unabhängig vom Vorderpfotentarget zunächst etablieren.

2) Gehen Sie dann dazu über, das Vorderhandtarget auf einer kleinen Erhöhung abzufragen.

3) Kombinieren Sie nun beides. Ein toller Nebeneffekt des erhöhten Vorderhandtargets ist es, dass nicht nur das Gewicht Ihres Hundes tendenziell nach hinten verlagert wird, sondern er sich auch nicht so gerne setzt, was Ihnen hier entgegenkommt.

Twist und Turn

Diese Übungen, sofern sie langsam und kontrolliert ausgeführt werden, sind eine tolle Kombination aus Wirbelsäulenflektion und bewusstem Pfotensetzen.

Übungsschritte:

1) Helfen Sie Ihrem Hund mit dem Handtarget oder Targetstick auf einer gedachten Kreislinie.

2) Belohnen Sie bereits ein erstes Nachfolgen.

3) Bauen Sie den Kreis Stück für Stück zusammen, zunächst mit großem Radius.

4) Lassen Sie den Radius immer kleiner werden, aber nur so klein, dass Ihr Hund seine Pfoten noch gezielt setzen kann.

Hier sieht man einen schön ausgeführten Twist …

… und Turn

Was auf den Fotos eindrucksvoll aussieht und einer Ballerina Konkurrenz macht, ist ein zu schnell und unsauber ausgeführter Twist. Bei der Drehung geht es neben der Wirbelsäulenflektion um die korrekte Pfotenabfolge. Panda tanzt lieber ohne Skript …

Über den Peanutball hängen

Diese Übung ist unheimlich entspannend für Hunde, sollte für das völlige Fallenlassen dementsprechend aber auch in ruhiger, gewohnter Umgebung stattfinden. Sie wird mithilfe des Handtargets aufgebaut – zu starke Belohnungsfixierung wie beim Locken oder zu starkes eigenes Ausprobieren wie beim Shapen sind für den Effekt der Übung eher kontraproduktiv.

Übungsschritte:

1) Halten Sie einen Gymnastikball oder einen Peanutball bereit, der es von seiner Größe her ermöglicht, dass Ihr Hund bäuchlings ohne Bodenkontakt darüber „hängen" kann. Als Leckerli verwenden Sie nichts, was Ihren Hund aufputscht, sondern Dinge, die er interessant findet, aber an denen er eher länger kaut. Für stürmische Hunde hat sich zusätzlich ein Hocker bewährt.

2) Je nach Hundetyp können Sie direkt mit dem Gymnastikball/-erdnuss beginnen oder Sie gehen einen Umweg über einen Hocker. Ruhige Hunde dürfen direkt an das wackelige Equipment, stürmische sollten zuerst auf den Hocker.

3) Ruhige Hunde werden mithilfe des Handtargets Stück für Stück über den Gymnastikball geführt. Zunächst werden sie für das Drüberhalten ihrer Schnauze geclickt, dann für das Drüberlegen mit einer Pfote, dann mit beiden Pfoten. Jeweils natürlich mehrmals. Der kniffligste Moment sind die Hinterpfoten. Stellen Sie sicher, dass der Ball im Ballständer nicht wackelt bzw. Sie ihn absolut sicher fixieren. Dann clicken und belohnen Sie Ihren Hund für jegliches minimales Anheben des Hinterbeins vom Boden. Beachten Sie, dass Sie höchstwahrscheinlich nicht während der ersten Übungseinheit die vollständige Übung erreichen werden. Das ist sogar gut, denn Ihr Hund soll sich absolut sicher sein, was er tut. Nur so kann er sich später komplett fallen lassen. Liegt er dann tatsächlich eines Tages ohne Bodenkontakt auf dem Gymnastikball, können Sie diesen behutsam hin- und herbewegen, um die Entspannung noch zu vergrößern.

Stürmische Hunde sollten zuerst einen Hocker erklimmen, hinter dem dann der Gymnastikball sicher fixiert liegt. So wird vermieden, dass sie wild über/auf den Ball springen und sich womöglich eine Zerrung zuziehen. Zunächst soll Ihr Hund also mit den Vorderpfoten auf einen Hocker steigen. Dieser Zwischenschritt wird auch bewusst belohnt, um Klarheit und Ruhe in die Übung zu bringen.

Ryva macht sich hier schön lang über den Peanutball.

Und der Weg dorthin ist quasi ein eigenes Workout …

5

6

7

Unter dem Bauch durchschauen

Das Durchschauen unter dem eigenen Bauch ist ein recht komplexer Trick, der eine enorme Dehnung des Rückens und der Nacken-, sowie der Schultermuskulatur fordert.

Übungsschritte:

1) Um sicherzustellen, dass Ihr Hund während dieser Übung im Stehen verharrt, bitten Sie ihn auf eine Erhöhung.

2) Bringen Sie zunächst den Trick „Nach unten gucken" in Erinnerung und belohnen Sie diesen.

3) Nehmen Sie jetzt ein Post-It zur Hand. Dieses positionieren Sie direkt unter Ihrem Hund: Dazu bewegen Sie Ihren Arm zwischen seinen Hinterbeinen durch, damit Sie direkt die richtige Richtung andeuten. Sollte Ihr Hund nämlich nachgucken, was Sie da unter seinem Bauch treiben, clicken Sie dieses Interesse bereits. Wichtig ist bei dieser Übung, dass Sie Ihren Hund in dieser recht ungewöhnlichen Position füttern.

4) Positionieren Sie das Post-It kurz vor den Hinterbeinen Ihres Hundes. Zeigt er kein Interesse, können Sie durch Zeigen auf das Post-It bzw. notfalls durch ein Leckerli, das Sie darauf deponieren, sein Interesse wecken. Clicken und belohnen Sie den Blick in Richtung Post-It. Ihr Hund muss (und kann anatomisch gar nicht) das Post-It nicht berühren. Ein Hinsetzen oder Umdrehen wird durch den Aufbau der Übung nahezu unmöglich, da Ihr Hund sich ja auf einer Erhöhung befindet.

5) Versuchen Sie jedoch, ein tatsächliche Rundung des kompletten Rückens dadurch zu erreichen, dass Sie sich nicht mit einem Blick zwar durch die Beine aber nur auf Höhe der Vorderbeine zufrieden geben.

6) Führen Sie zunächst ein Wortsignal ein und bauen dann das Post-It Stück für Stück ab.

Varianten: Eine stärkere Dehnung erreichen Sie, wenn Sie die Übung abfragen, während Ihr Hund sich mit den Vorderpfoten auf einer Erhöhung befindet.

Johnny macht sich schön rund, während er unter seinem Bauch durchschaut …

… während bei Harley nach der Brustwirbelsäule „abknickt". So bitte nicht trainieren und hinterfragen, woher dies kommt.

So ist's besser. Man beachte auch Harleys gerade Vorderpfoten.

Vito's Game

Ziel dieses Spiel ist es, dass Ihr Hund selbstständig einen Bogen zwischen zwei Futterschüsseln läuft. In diesen Weg können Sie dann verschiedene Hindernisse integrieren.

Übungsschritte:

1) Halten Sie zwei Futterschüsseln und eine Pylone o. Ä. bereit.

2) Stellen Sie eine Futterschüssel rechts, eine links neben sich, während Ihr Hund frontal vor Ihnen wartet. Stellen Sie die Pylone zwischen sich und Ihren Hund.

3) Geben Sie einen Keks in die rechte Schüssel und fordern Ihren Hund auf, diesen zu fressen.

4) Ist er gerade damit fertig, legen Sie einen Keks in die linke Schüssel und stellen sicher, dass Ihr Hund dies sieht. Ihr Hund wird nun zu dieser Schüssel laufen, ihm steht aber die Pylone im Weg. Es entsteht also ein kleiner Halbkreis.

5) Wiederholen Sie das Legen der Kekse in die Schüsseln immer abwechselnd und loben Ihren Hund für den Weg dazwischen. Wenn Sie clicken möchten, wäre die Position Ihres Hundes direkt hinter der Pylone, mit Fokus zur Schüssel der ideale Clickpunkt.

6) Funktioniert dies flüssig, schieben Sie die Pylone etwas von sich weg, sodass ein größerer Halbkreis entsteht.

7) Vergrößern Sie den Weg Ihres Hundes Stück für Stück und bauen Sie spannende Untergründe, z. B. das Feetpuzzle ein.

Lucy zeigt mit ihrem Frauchen den Ablauf des Vitos Game, hier über Feetpuzzle-Matten.

Über was Ihr Hund sich bewegt, bleibt Ihrem Trainingsziel überlassen.

Vorwärtsschauen in Bewegung

Bei der Fußarbeit ist es erwünscht, dass Ihr Hund Sie anhimmelt. Bei diesem Trick soll jedoch genau das entgegengesetzte Verhalten geübt werden, um ein losgelöstes Vorwärtsgehen des Hundes zu fördern.

Übungsschritte:

1) Je nachdem, ob Ihr Hund etwas übermotiviert ist oder eher etwas motiviert werden muss, nutzen Sie für diesen Trick nur ein Post-It und belohnen dann, oder Sie verwenden direkt Futter. Platzieren Sie das Post-It bzw. das Futter auf einem Hocker oder ähnlichem auf Kopfhöhe Ihres Hundes.

2) Entfernen Sie sich mit Ihrem Hund ca. 1,5 Körperlängen vom Target.

3) Bewaffnen Sie sich mit Clicker und Futter und zeigen Ihrem Hund sein Ziel.

4) Achten Sie darauf, dass Sie immer nur dann clicken, wenn Ihr Hund das Ziel auch wirklich anvisiert, also seinen Kopf gerade hält.

5) Vergrößern Sie den Abstand zum Zielpunkt und clicken variabel, d.h. zwar immer bei geradeausgerichtetem Kopf, aber bei unterschiedlicher Entfernung zum Zielpunkt.

6) Führen Sie ein Wortsignal ein.

7) Beginnen Sie das Ziel immer unauffälliger werden zu lassen, indem Sie es beispielsweise zwischen anderen Möbeln verstecken. Entfernen Sie das Ziel kurzzeitig zwischen zwei Trickdurchgängen und schauen, was passiert. Denken Sie daran, es Ihrem Hund so einfach wie möglich zu machen, indem Sie sich selbst genau so verhalten, als ob das Ziel noch vorhanden wäre.

8) Generalisieren Sie die Übung, üben Sie sie also an unterschiedlichen Orten.

Variante: Auch hier wird der größtmögliche Effekt erzielt, wenn Ihr Hund sich über federndes Terrain begibt.

Lissy ist schön auf den Hocker fokussiert und trabt dadurch mit dem Kopf in Verlängerung der Rückenlinie.

Schlussbemerkungen

Ich hoffe, dieses Buch konnte Ihre Erwartungen erfüllen und Sie nehmen es zukünftig ab und an als Nachschlagewerk in die Hand. Dieses Buch wäre nicht, was es ist, ohne die tollen Fotos von Susann Nordmann und die kompetente Verlagsarbeit von Gisela Rau und dem ganzen Kynos-Team, das mit diesem Buch hier mein bereits viertes Werk im Kynos Verlag veröffentlicht hat. Danke dafür! Danke Ihnen als LeserInnen für Ihr enormes Vertrauen. Es ehrt mich sehr, dass Sie dieses Buch lesen.

Ein ganz großer Dank gilt „meinen" Hundemodels Cooper, Febee, Lucy, Harley, Johnny, Cash, Hexe, Cora, Lilo, Ally, Laika, Luna, Snoopy, Lizzy, Panda, Ryva, Ivy und Hooley. Ihren Menschen natürlich auch!

Wenn Sie sich ausführlichere Informationen zu den Übungen, Krankheiten oder Sportarten wünschen, so darf ich auf meine Webinare verweisen. Unter www.shop.gymnastricks.de finden Sie alles sportartenspezifische und bei www.vetwissen.de gibt es alles zum Thema Krankheiten.

Falls Sie Fragen haben, dürfen Sie sich gerne jederzeit an mich wenden. Inspirationen und kurze Artikel finden Sie auf Facebook, Instagram oder www.gymnastricks.de.

Und nun viel Spaß beim Training.

Herzlichst,
Carmen Heritier

Quellen

- **Ausführliche Erklärungen zu orthopädischen Erkrankungen gibt es hier:**
  https://www.tierklinik-hofheim.de/die-klinik/fachbereiche/orthopaedie/haeufige-orthopaedische-erkrankungen.html#c2288

- **Weiterbildungen im medizinischen Bereich finden sich hier:**
  vetwissen.de

- **Die Unterlagen des Certified Canine Fitness Trainer Lehrgang der Universität Tennessee waren eine großartige Basis für Überlegungen zum Buch:**
  https://cpell.utk.edu/programs-courses/canine-fitness-trainer-certificate-program/

- **Anna Lee Sanders ist eine riesige Inspiration und ihr Faible für genaue Positionen, sowie ihr Hintergrund in der Human-Reha verhelfen zu genauerem Verständnis:**
  https://canineconditioningcoach.com/

- **Mehr Ideen rund um Gymnastricks, Hundefitnesstraining und Bodenarbeit finden Sie in meinen drei anderen Büchern:**
  - Carmen Mayer. Gymnastricks.
  - Carmen Heritier und Sandra Rutz. Praxisbuch Hundefitness.
  - Carmen Heritier. Bewusste Bodenarbeit für Hunde. Koordination, Kommunikation und Konzentration.

- **Unschlagbar in Sachen bewegter Hund ist natürlich:**
  Martin S. Fischer, Karin Lilje. Hunde in Bewegung.

- **Tolle Tipps für Seniorhunde gibt es bei Kathy Sdao:**
  http://www.kathysdao.com/

- **Chirag Patel hat immer wieder tolle Ideen und ist nicht nur der Erfinder des Bucket Games:**
  https://www.domesticatedmanners.com/

- **Großartige Ressourcen für alle Tiergesundheitsberufe, leider nur auf Englisch:**
  www.Onlinepethealth.com

- **Equipment lässt sich ganz wunderbar hier shoppen:**
  www.hannisballshop.de

Über die Autorin

Carmen Heritier beschäftigt sich spätestens seit ihren Büchern „Gymnastricks“ und „Praxisbuch Hundefitness“ mit konzentriertem, kleinschrittigen Arbeiten mit Hunden auf Basis neuester wissenschaftlicher Erkenntnisse. Nach ihrer Clickertrainerausbildung in England bildete sie sich kontinuierlich fort und beendete 2019 die Fortbildung zum Certified Canine Fitness Trainer der Universität Tennessee. Mit dem Studium der Fächer Englisch, Deutsch und Psychologie für das Gymnasiallehramt ist Carmen Heritier Expertin darin, Dinge leicht verständlich und kurzweilig zu erklären. Momentan promoviert sie in einer Kooperation der Uni Wien mit der FernUni Hagen zum Thema Tierarztangst bei Hunden. Carmen ist international, live und online als Referentin aktiv und bildet mit ihrem Team Gymnastrickstrainer aus. Sie hat ein Faible für mentale und körperliche Hundefitness, Hundesport, Hundesenioren und Beagles.

Index

J

K

L

M

N

O

P

R

S

T

U

V

W

Z

Weitere Bücher, die Sie interessieren könnten:

Flexicover, 144 Seiten,
durchgehend farbig
ISBN: 978-3-95464-006-5

Carmen Mayer (Heritier)

Gymnastricks

Gezieltes Muskeltraining für Hunde

Das einzigartige Gymnastricks-Programm verbindet sinnvolle Übungen zur Gesunderhaltung des Hundes und tolle Tricks, die einfach Spaß machen.
Die Fitness des Hundes wird gefördert, die Muskulatur verbessert und erhalten. So können die Gymnastricks als optimale Aufwärmübungen vor dem Hundesport, aber genauso gut als Rentnertraining für den betagten Oldie, zur Schulung des Körperbewusstseins beim Junghund oder zum gezielten Muskelaufbau nach Operationen durchgeführt werden.
Zu jeder Übung wird die jeweils trainierte Muskelgruppe gezeigt und erklärt. Professionelles Equipment wird dabei nicht gebraucht – jeder kann sofort mit seinem Hund loslegen. Gleichzeitig wird der Hund auch geistig beschäftigt und gefördert. Besonders wichtig für den Trainingseffekt: Der Hund arbeitet aktiv mit, anstatt nur passiv bewegt zu werden.

Flexicover, 200 Seiten,
durchgehend farbig
ISBN: 978-3-95464-277-9

Carmen Heritier

Bewusste Bodenarbeit für Hunde

Koordination, Kommunikation und Konzentration

Koordination, Konzentration und Kommunikation – diese drei Bereiche sind für Hunde und ihre Halter von essenzieller Bedeutung. Sei es für den hibbeligen Junghund, der sich schlecht konzentrieren kann oder für den Familienhund als Auslastung für zuhause und zur Verbesserung des Körpergefühls. Ganz zu schweigen von Seniorhunden, die mit Bodenarbeit koordinativ und mental gefördert werden können, ohne sie zu stark zu belasten. Selbstverständlich sollte Bodenarbeit auch zum Grundlagentraining eines Sporthundes gehören, der im Training und Turnier Höchstleistungen erbringt. Dieses Praxisbuch bietet unzählige Ideen für alle Levels: ob Anfänger oder Profi. Neben Themen wie Anpassung an unterschiedliche Hundecharaktere, Führpositionen und Führübungen finden sich in diesem Buch Schwerpunktpläne für Bodenarbeit mit und ohne Hindernisse und Ablenkungen.

Besuchen Sie unseren Shop: **www.kynos-verlag.de**

Kynos